图解设计

风景园林快速设计手册
The Handbook of Landscape Architecture Prompt Design

吕圣东 谭平安 滕路玮　编著

华中科技大学出版社
http://www.hustp.com

中国·武汉

前言

　　风景园林学成为一门系统的学科纳入高等教育体系是在近代。风景园林快速设计这个新领域完全是伴随着学科的发展，成为近年来快速成长的后起之秀。由于发展迅猛，发展过程中催生的问题也显而易见，新时代、新形势下发展与变革的方向是我们需要深入思考的。随着风景园林从业人员与专业需求的日益增加，快速设计作为风景园林在校学生及从业人员体现自我专业素养的重要手段，成为了升学、择业、构思、交流的重要媒介。不同于常规设计流程，快速设计具有快速、高效的特征，虽然时间短，但是却呈现出多方位的考察要求，对参考者的问题解析能力、价值取向判断、设计统筹能力和设计表达能力提出了综合全面的要求。作为风景园林在校生、从业人员、升学需求者，快速设计时刻都不能放下，它是在校学习、从业的必经之路。

　　快速设计不同于完整的方案设计，更多地需解决风景园林设计创作、构思、表达的基本问题。长期一线教学的经验和总结，奠定编写此书的知识基础。本书建立起一个完整的体系构架，尽可能全面地概括了设计创作的基础知识、方法流程。本书总共分为七个章节，第一章：四个练习意义。认识快速设计的基本作用和准确学习方法，建立认识与学习方法标准。（本章由吕圣东编写。）第二章：三类准备知识。介绍本学科与相关学科的理论知识，阐释相关术语和常用规范，图示各类快速设计图纸构成要素。（本章第一节由吕圣东编写；第二节由滕路玮编写；第三节图纸由谭平安绘制，框架由吕圣东编写。）第三章：六类设计要素。图示介绍六大类风景园林快速设计要素——地形、水体、植物、建筑、铺装、园路，以及要素的空间组合方法。（本章由滕路玮编写，吕圣东文案统筹。）第四章：十八条设计法则。整合提出设计中应当遵循的统一法则、变化法则、和谐法则及图示法则的初步运用。（本章由吕圣东编写，谭平安图纸绘制。）第五章：一套设计思维。从设计价值观的建立，到快速设计思维方法步骤的阐释，以释疑、造局、构思、定法、成图五步建立一套设计思维。以快速设计中常见的几种设计类型——广场、公园、附属绿地、滨水空间选题，深入图示解析五个快速设计案例。（本章由吕圣东编写，吕圣东、滕路玮、谭平安等共同绘制图纸。）第六章：五大快速策略（本章由吕圣东编写，滕路玮、吕圣东共同图纸绘制。）第七章：四十个快速案例。通过对不同类型设计案例的评价和解析，了解优秀案例的可学之处并认识设计中常见的问题和考点，有效规避常见问题。（本章由谭平安、整理题目图纸，吕圣东评析。）全书结构章节由吕圣东完成，专业表现图纸由谭平安完成，排版及图纸绘制由滕路玮统筹完成。

　　本书编写方式以手册的形式展开，从基础认识到思维建立再到方案深化、快速策略，概括整合了全链条式的快速设计流程。全书强调了方法的应用性、知识的全面性和使用的便利性。本书可作为风景园林专业人士考研、学习、求职的辅导参考书，也可供相关专业工作人员参考借鉴，对建筑学、城乡规划学专业人士也有一定借鉴价值。

　　参与本书图纸绘制等其他工作的还有梁竞、常青、吴怡婧、谢珣、马椿栋、王晓琦、金雪倩等同学，在此一并感谢！

01
FOUR PRACTICE MEANING
四个练习意义

1.1 意义	07
1.1.1 就业	07
1.1.2 升学	07
1.1.3 提升	08
1.1.4 沟通	08
1.2 方法	08
1.2.1 方法一	08
1.2.2 方法二	08
1.2.3 方法三	08

02
THREE KIND OF KNOWLEDGE
三类准备知识

2.1 第一类基础知识	11
2.1.1 风景园林学	11
2.1.2 建筑学	12
2.1.3 城乡规划学	12
2.2 第二类术语与规范	13
2.2.1 术语	13
2.2.2 规范与数据	14
2.3 第三类表达表现	26
2.3.1 总平面图	28
2.3.2 分析图	32
2.3.3 剖立面图	34
2.3.4 效果图	36
2.3.5 标题	43
2.3.6 设计说明	43
2.3.7 技术经济指标	44
2.3.8 图示表现	45

03
SIX TYPE DESIGN ELEMENTS
六类设计要素

3.1 要素详解	50
3.1.1 地形	51
3.1.2 水体	55
3.1.3 植物	61
3.1.4 建筑	65
3.1.5 铺装	68
3.1.6 道路	72
3.2 要素空间组合	76
3.2.1 按自然要素组合类型	76
3.2.2 按构成特征组合类型	79
3.2.3 按空间属性组合类型	83

04
EIGHTEEN DESIGN PRINCIPLES
十八条设计原则

4.1 七条统一法则	88
4.2 六条变化法则	90
4.3 五条和谐法则	91
4.4 法则应用	93
4.4.1 垂直风格式	93
4.4.2 135°与垂直结合式	93
4.4.3 圆形构图式	93
4.4.4 不规则式（一）	94
4.4.5 不规则式（二）	94
4.4.6 整形放射式	94

05
A SET OF DESIGN METHODS
一套设计思维

5.1 设计价值观	96
5.1.1 生态优先	96
5.1.2 以人为本	96
5.1.3 经济合理	96
5.1.4 空间宜人	97
5.1.5 综合整体	97
5.1.6 文化传承	97
5.2 设计思维步骤	98
5.2.1 释疑	98
5.2.2 造局	100
5.2.3 构思	101
5.2.4 定法	102
5.2.5 成图	104
5.3 广场设计的思维	105
5.3.1 设计原则	105
5.3.2 设计要点	105
5.3.3 设计流程	106
5.3.4 广场选题	107
5.3.5 解题思路	108
5.4 公园设计的思维	111
5.4.1 设计原则	111
5.4.2 设计要点	111
5.4.3 公园范式	111
5.4.4 公园选题	114
5.4.5 解题思路	115
5.4 附属绿地设计思维	119
5.4.1 设计原则	119
5.4.2 设计要点	119
5.4.3 附属绿地选题	120
5.4.4 解题思路	121
5.5 滨水开放绿地设计	125
5.5.1 设计原则	125
5.5.2 设计要点	125
5.5.3 滨水开放绿地案例一	126
5.5.4 案例一解题思路	127
5.5.5 滨水开放绿地案例二	132
5.5.6 案例二解题思路	133

06
FIVE DESIGN STRATEGIES
五大设计策略

6.1 策略一：抓大放小	137
6.1.1 时间安排	137
6.1.2 信息筛选	139
6.1.3 快速构思	139
6.2 策略二：重点突出	140
6.2.1 紧扣要点	140
6.2.2 主题发挥	140
6.2.3 重点突出	140
6.3 策略三：熟记要素	141
6.4 策略四：范式运用	142
6.5 策略五：以不变万变	144

07
FORTY CASES OF WORKS
四十例设计案例赏析

7.1 某市民广场规划设计	146
7.2 某城市公共空间规划设计	149
7.3 文化休闲广场设计	153
7.4 城市雕塑艺术中心广场景观规划设计	157
7.5 某石灰窑改造公园设计	162
7.6 某城市开放空间设计	165
7.7 某滨水开放性公共绿地规划设计	171
7.8 滨水公园设计	176
7.9 某滨水公园规划设计	180
7.10 城市滨水休闲广场规划设计	184
7.11 厂区入口绿地设计	187
7.12 南方某城市滨水绿地设计	190
7.13 某社区公共绿地景观快题设计	195
7.14 水景公园设计	198

参考书目	202
编著介绍	203

1

四个练习意义
FOUR PRACTICE MEANING

据国务院学位委员会、教育部公布的新的学科目录显示，风景园林学正式成为110个一级学科之一，列在工学门类，可授工学、农学学位。学科的迅猛发展是与社会发展的实际需求增长同步递增的。而风景园林专业的升学、求学与择业人员都面临一个不可避免的考核——风景园林快速设计。快速设计往往会让很多习惯长周期设计学习的同学感到力不从心，从而对快速设计产生抗拒。甚至个别同学质疑这个快速设计作为应试的手段是否有价值。这里要给出明确的回答，快速设计的价值不是为了应试，应试只是其中本质意义的多个表象之一。快题设计反映了一位设计者对设计常识的掌握程度、对设计问题的解决能力及应有的设计表达水平。练习快速设计的同时也可以提高设计者的基本设计修养，是设计师将来面向实践中的服务对象的沟通手段。在升学、择业之际其作用也显而易见。

总体来看，练习快速设计有以下四个实际意义：

1.1 意义

1.1.1 就业

风景园林方案快速设计是应聘面试的第一步，也是在之后的工作中经常会应用的工作方式。

风景园林快速设计在工作中有利于快速理解场地现状、分析构思、厘清头绪并从中抓住主要设计矛盾。快速构思立意并且找准设计方向，快速达到设计目的，是一种高效的工作方式，在设计任务紧急时具有较高的实践价值。风景园林快速设计，需要思维敏锐流畅，对从业者具有很大的挑战，需要其快速调动创作情绪、迅速捕捉灵感，从以往的积累中快速寻求解决方法并做出最后的设计决策。这一过程需要有较多快速设计的积累与练习，以便在紧急任务来临时可以做出从容积极的应对。

风景园林快速设计主要是在设计前期提出设计概念的阶段。在这个阶段，快速设计可以让从业者跳出设计细节，抓住方案全局的大问题，抓大放小，不拘泥于设计方案的细枝末节和手法堆砌，更加有利于思考决策。即使方案有遗憾，也可以在后期不断调整深化。

在表达上，风景园林快速设计的手绘表达可以不用像CAD般精确，线条可以更加自由不羁，着色可以挥洒自如。设计者可同时设计较多个方案进行比选，并且可以更快地修改调整，使工作更加有效率。总之，风景园林快速设计表达是风景园林设计从业者必须具备的素养和能力，需要不断练习、提升和完善自我。

1.1.2 升学

风景园林快题设计考试是遴选风景园林设计人才的高效方式，是检验学生风景园林设计素养的重要考察手段，能够检验出设计者的分析和解决问题的能力，以及表达能力。

也许一场考试很难看出一个考生各方面的能力，但是一份风景园林快题设计方案稿却能够反映考生平时对于设计表达的熟练程度、方案的积累水平，以及分析、思考问题的方式。

快速设计的图面效果，考察了考生对风景园林设计的表达能力。从排版、线条、色彩等细节可看出设计者的基础是否扎实、技巧是否掌握熟练，进而通过方案推测其设计能力的高低。在极短的时限内，考察老师不会太过计较你的方案细节，而是更多地关注设计者对方案的合理性、准确性，从平面图、分析图可以看出设计者对于任务书及场地现状问题的解决方式，对设计的思考、理解和潜力，以及设计者创作思维的活跃度等，而这些都是老师、专家更为看重的能力。

1.1.3 提升

风景园林方案快速表达能力既是从事风景园林设计行业需要掌握的基本功，更是反映个人设计能力和水平的重要标志。

作为一个风景园林设计师，人生应该要有很明确的奋斗目标，有很崇高的理想、抱负，要致力于营造更加舒适、美好的人类聚居环境。这些理想、抱负需要通过一步步脚踏实地的努力提升设计水平、摆正设计价值观来实现。培养风景园林方案快速表达能力是避免局限于成为单纯画图员的重要方式之一，是帮助厘清思路、解决场地问题和头脑密切结合的表达方式。

场地现状的分析、风景园林效果的设想等，这些能力的学习、积累过程都需要与快速表达能力相辅相成、相互促进。这样才能够更快更积极地适应工作环境和不断发展变化的市场需求。

同时，在风景园林设计师不断成长的过程中，也需要参加很多执业资格考试，而风景园林方案快速表达也是其中重要的考核项目。总之，风景园林方案快速设计这种高效的工作方法也是对节奏不断加快的社会工作的适应，能够不断增强个人在风景园林设计市场的竞争力。

1.1.4 沟通

风景园林设计工作中会有很多需要沟通的时候，师生之间、上下级之间、设计方与甲方之间、设计方与施工方之间，无时无刻不存在着沟通的问题。在因为沟通不利影响设计工作的开展时，画一张图胜过千言万语。风景园林设计就能快速地表达出设计者的意图。沟通时要注重各方聚焦的问题，同时清晰地汇报自己设计方案的思考过程。反过来说，当要对设计方案提出修改意见的时候，快速设计手绘的方式也能够更清晰地表达。但如果没有平时的快速表达的练习积累，反而会使得这一简单便捷的沟通方式变得更加令人难懂。所以设计师需要在平时不断地积累与练习，以免手头生疏，从而能准确快速地传达出想要表达的设计意图。（图1-1）

1.2 方法

1.2.1 方法一：多观察——心脑互动

专业期刊、成熟案例、设计展览，这些都有助于扩大对设计的认识，并提高自身快速设计的思想维度与知识储备。

1.2.2 方法二：常演示——手脑联通

尽可能抓住一切别人快速手绘的过程去观察、演练，这个过程是最真实的，可以减轻设计者的思想负担和对设计的神秘感，可以提高设计者的自信心。这对老师也有很高的要求，好的老师往往擅长演示加解说的组合模式，便于学生理解；不理想的老师往往务虚不务实，只提出空泛的概念或意向，所以找到一个好老师也是学习的关键之一。除此之外也要将自己的想法动手绘制出来，以求达到下笔如有神的状态和目标。

1.2.3 方法三：勤搜集——区分好坏

搜集方方面面的设计参考书，注意观察好的风景园林设计案例，无论是否为快题，将这些案例分类、分析、分解，用于以后的查阅检索，以及作为激发思维的素材。

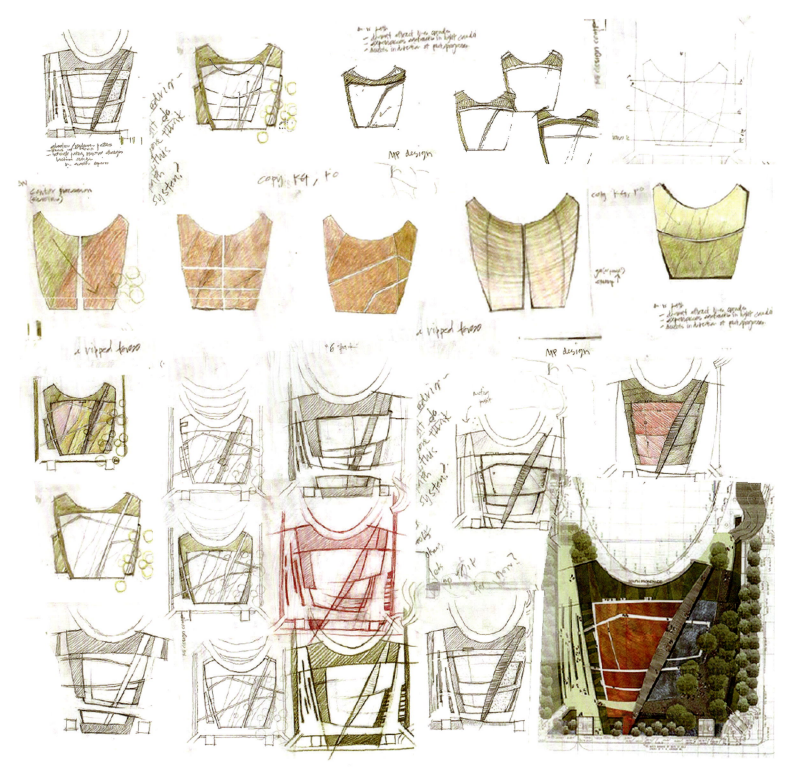

图 1-1 凯瑟琳·古斯塔夫森 芝加哥千禧公园 （Lurie Garden） 草图

2

三类准备知识
THREE KIND OF KNOWLEDGE

2.1 第一类 基础知识

2.1.1 风景园林学

广义的风景园林是指地球表面环境中形象优美、环境质量良好，令人赏心悦目的环境。狭义的风景园林不仅仅在视觉形象和环境质量方面令人赏心悦目，而且还寄托着人类的精神追求，表达了人类梦想中的情境，这一层次的风景园林通常都是人为再加工的或者完全是人造的。

风景园林是研究景观的形成、演变和特征，并以此为依据保护、创造与管理生存环境的学科。风景园林涉及多学科领域，是一门建立在广泛的自然科学和人文艺术学科基础上的应用性学科。其核心是调节人与自然的关系，总目标是通过景观策划、规划、设计、养护、管理、保护与利用自然与人文景观资源，创造优美宜人的户外为主的人类聚居环境。

风景园林快速设计是需要根据给出限定的任务书和红线范围，在一定时间限制内进行的风景园林方案设计。其特点是抓住场地的主要矛盾，进行快速解决问题的构思，最后快速表达形成的设计方案。

设计师需要熟悉风景园林要素的功能构成、平面形态、布局特征和设计要点，熟悉各设计要素之间的组织关系和设计要求。风景园林要素包括地形、地貌、绿化、水体等背景要素、道路、广场、庭院、停车场和运动场等设计要素。设计者要熟练掌握这些设计要素的各类规范，并以此为基础，进行快速构思。（图2-1、图2-2）

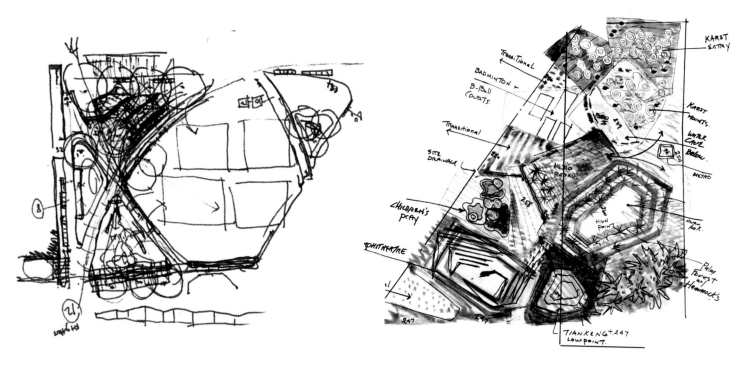

图2-1　OLIN景观事务所设计草图　　　　　图2-2　玛莎·施瓦茨（Martha Schwartz）工作室设计草图

2.1.2 建筑学

建筑学与风景园林学具有相同的目标，都是为了创造良好的人类聚居环境，将人与自然的关系处理落实到有空间分布和时间变化的人类聚居的环境中。两者的相通之处都是对于空间的营造，但是建筑学更偏向于明确的针对人为空间的设计。

在风景园林快速设计中需要掌握建筑学的基础知识，熟悉不同类型的建筑，如居住、办公、商业、文化、教育、会展、体育、研发和服务建筑等，掌握这些建筑的功能结构、平面形态、空间组织和布局要求等基本内容，熟悉不同功能区建筑群的空间布局特征和模式，并且要关注建筑与环境的关系处理，和建筑周边的场地设计等。（图2-3、图2-4）

图2-3　盖里古根海姆博物馆手绘草图

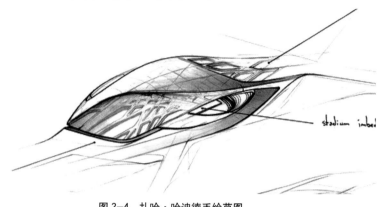

图2-4　扎哈·哈迪德手绘草图

2.1.3 城乡规划学

城市规划是以道路、用地为主的场所规划，是研究未来发展、合理布局和综合安排城市各项工程建设的综合部署，是一定时期内城市发展的蓝图；也是根据城市的地理环境、人文条件、经济发展状况等客观条件制订适宜城市整体发展的计划，从而协调城市各方面发展，并且进一步对城市的空间布局、土地利用、基础设施建设等进行综合部署和统筹安排的一项具有战略性和综合性的工作。

在风景园林快速设计中要掌握城市规划的一般方法和技术路线，熟悉城市不同类型用地的布局特征和相互关系，熟悉空间布局模式、结构和形态等基础知识，掌握住区、城市重点地段和各类园区的用地功能组织、空间布局等技术知识，以及相关的法律法规、技术规程等规范知识。（图2-5、图2-6）

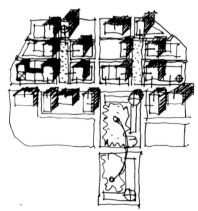

图2-5　SOM深圳宝安区22、23地块城市设计方案草图

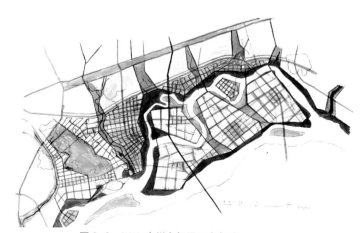

图2-6　SWA广州东部国际商务城

2.2 第二类 术语与规范

2.2.1 术语

根据《城市绿地设计规范》(GB 50420-2007)规范标准、控制性详细规划相关规范,具体要求总结如下。

(1)城市绿地:以植被为主要存在形态,用于改善城市生态、保护环境,为居民提供休憩场地和绿化、美化城市的一种城市用地。城市绿地包括公园绿地、生产绿地、防护绿地、附属绿地和其他绿地五大类。

(2)古树名木:古树泛指树龄在百年以上的树木;名木泛指珍贵、稀有或具有历史、科学、文化价值及有重要纪念意义的树木,也指历史和现代名人种植的树木,或具有历史事件、传说及其他文化背景的树木。

(3)驳岸:保护水体岸边的工程设施,可分为自然驳岸和人工驳岸两大类。

(4)标高:以大地水准面作为基准面,并作零点(水准原点)起算地面至测量点的垂直高度。

(5)土方平衡:在某一地域内挖方数量与填方数量基本相符。

(6)护坡:防止土体边坡变迁而设置的斜坡式防护工程。

(7)挡土墙:防止土体边坡坍塌而修筑的墙体。

(8)自然土壤安息角:土壤在自然堆积条件下,经过自然沉降稳定后的坡面与地平面之间所形成的最大夹角。

(9)亲水平台:设置于湖滨、河岸、水际,贴近水面并可供游人亲近水体观景、戏水的单级或多级平台。

(10)园林建筑:在城市绿地内,既有一定的使用功能又具有观赏价值,成为绿地景观构成要素的建筑。

(11)园林小品:园林中供休息、装饰、景观照明、展示和园林管理及方便游人之用的小型设施。

(12)用地边界专业规划线术语。(表2-1、图2-7)

线型名称	线型功能介绍
用地红线	规划主管部门批准的各类工程项目的用地界限
道路红线	规划主管部门规定的各类城市道路路幅的用地界限
绿线	规划城市公共绿地、公园、单位绿地和环城绿地等的用地界限
蓝线	规划城市水面,主要包括河流、湖泊及护堤的用地界限
紫线	规划历史文化街区的保护范围界线
黑线	规划给排水、电力、电信、燃气等市政管网的用地界限
橙线	规划轨道交通管理的用地界限
黄线	规划地下文物管理的用地界限

表2-1 各类城市规划控制线

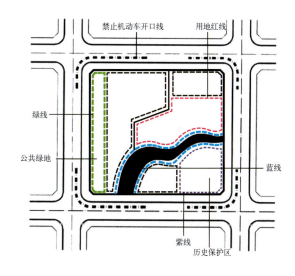

图2-7 各类城市规划控制线图示 李德华绘

2.2.2 规范与数据

1. 一般规定

根据《城市绿地设计规范》（GB 50420-2007）规范标准、《公园设计规范》（GB51192-2016）规范标准、《2009全国民用建筑工程设计技术措施：规划·建筑·景观》规范标准具体要求总结如下。

（1）公园的用地范围和性质应以批准的城市总体规划和绿地系统规划为依据。

（2）市区级公园的范围线应与城市道路红线重合，条件不允许时，必须设通道使公园主要出入口与城市道路衔接。

（3）公园沿城市道路部分的地面标高应与该道路路面标高相适应，并采取措施避免公园地面径流冲刷，污染城市道路和公园绿地。

（4）场地景观设计是场地总平面规划的重要组成部分，应因地制宜，充分利用自然地形、原有水系和植被，结合周围环境、地域文化和建筑环境，对原有生态环境进行保护。

（5）城市高压输配电架空线通道内的用地不应按公园设计。公园用地与高压输配电架空线通道相邻处，应有明显界限。对通过乔木林的架空线，提出保证树木正常生长的措施。

（6）城市开放绿地的出入口、主要道路、主要建筑等应进行无障碍设计，并与城市道路无障碍设施连接。

（7）城市绿地以批准的城市绿地系统规划为依据，明确绿地的范围和性质，根据其定性、定位作出总体的设计。

各类场地中绿化用地的比例：

（8）居住区内绿化用地占总景观用地的比例宜大于50%。

（9）一般公共建筑公共广场中，集中成片绿地不宜小于广场总面积的25%。

（10）车站、码头、机场等集散广场中，集中成片绿地不宜小于广场总面积的10%。

（11）地震烈度6度以上（含6度）的地区，城市开放绿地必须结合绿地布局设置专用防灾、救灾设施和避难场所。

2. 总体设计

（1）容量计算：公园设计必须确定公园的游人容量，作为计算各种设施的容量、个数、用地面积以及进行公园管理的依据。

公园游人容量应按下式计算：

$$C = \frac{A}{A_m}$$

式中　C ——公园游人容量（人）
　　　A ——公园总面积（m²）
　　　A_m ——公园游人人均占有面积（m²/人）

（2）市、区级公园游人人均占有公园面积以60m²为宜，居住区公园、带状公园和居住小区游园以30m²为宜，风景名胜公园游人人均占有公园面积宜大于100m²。

（3）公园的总体设计应根据批准的设计任务书，结合现状条件对功能或景区划分、景观构想、景点设置、出入口位置、竖向及地貌、园路系统、河湖水系、植物布局及建筑物和构筑物的位置、规模、造型及各专业工程管线系统等作出综合设计。

（4）场地景观设计应在场地总平面布局的基础上进一步进行景区划分，确定各分区的规模及特色，并结合主次景区进行相应景点的设置。

（5）出入口一般是场地景观设计的重点，应根据场地外部及内部的具体要求，确定主、次和专用出入口的位置，合理设置出入口内外广场、大门围墙、停车场、自行车存放、管理设施等，并注重景观效果。

（6）主要园路应具有引导游览的作用，易于识别方向。游人大量集中地区的园路要做到明显、通畅、便于集散。通行养护管理机械的园路宽度应与机具、车辆相适应。通向建筑集中地区的园路应有环行路或回车场地。生产管理专用路不宜与主要游览路交叉。

3. 机动车出入口控制要求

根据《城市道路交通规划设计规范》(GB 50220-95)、《上海市控制性详细规划技术准则》，基本要求总结如下。

(1) 城市道路应分为快速路、主干路、次干路和支路四类。

(2) 快速路沿线禁止设置机动车出入口。

(3) 主干路沿线原则上禁止设置地块机动车出入口，若确实需要可设置右进右出出入口，且必须离开交叉口80m以上或位于距交叉口最远处（自道路交叉口圆曲线的终点算起）。(图2-8)

(4) 次干路沿线的地块机动车出入口应离开交叉口50m以上，或者位于距交叉口最远处。支路沿线设置地块机动车出入口，距离与主干路或快速路辅道相交的交叉口不宜小于50m，距离与次干路相交的交叉口不宜小于30m，距离与支路相交的交叉口不宜小于20m。

(5) 道路渠化段禁止设置地块机动车出入口，设置边侧公交专用道的道路沿线不宜设置机动车出入口。(图2-8)

(6) 机动车出入口之间的净距不应小于20m。

(7) 地块主要机动车出入口不宜设置在边侧型公交专用道沿线。

(8) 轨道交通车站行人出入口、人行过街设施（天桥、地道）30m范围内不宜设置地块机动车出入口。

(9) 距铁路道口50m范围内不得设置地块机动车出入口。

(10) 桥梁、隧道引道范围内不应设置地块机动车出入口，距引道端点50m范围内不宜设置地块机动车出入口，若确实需要可设置右进右出出入口。

(11) 坡度大于2%的桥梁、隧道引道端点50m以内不应设置机动车出入口；坡度在1%与2%之间的坡道范围内不宜设置机动车出入口。

(12) 桥梁或高架匝道上下接坡段和隧道敞开段的两侧地面辅道不宜设置机动车出入口，确实需要的应增设进出集散车道，且只能设置右进右出出入口。

(13) 公交车站15m范围内不应设置地块机动车出入口。

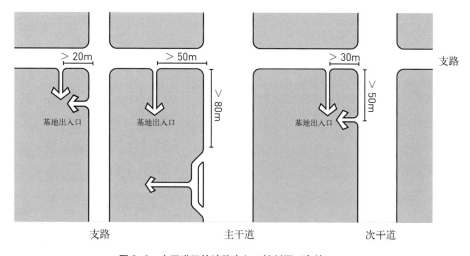

图2-8 主干道及快速路出入口控制图（自绘）

4. 竖向设计

根据《公园设计规范》(GB51192-2016)规范标准、《全国民用建筑工程技术设施：规划·建筑·景观（2019版）》、《居住区环境景观设计导则》(2006版)规范标准，具体要求总结如下：

（1）竖向控制应根据公园四周城市道路规划标高和园内主要内容，充分利用原有地形地貌，提出主要景物的高程及对其周围地形的要求，地形标高还必须适应拟保留的现状物和地表水的排放。

（2）景观竖向设计有利于丰富场地的空间特征，应控制好以下内容：山顶、地形等高线；水底、常水位、最高水位、最低水位、驳岸顶部；园路主要转折点、交叉点和变坡点；各出入口内外地面、铺装场地、建构筑物地坪；地下工程管线及地下构筑物的埋深等。

（3）公园内的河、湖最高水位，必须保证重要的建筑物、构筑物和动物笼舍不被水淹。

（4）场地设计标高应高于或等于城市设计防洪、防涝标高；沿海或受洪水泛滥威胁地区，场地设计标高应高于洪水标高0.5～1.0m，否则必须采取相应的防洪措施。

（5）场地景观竖向设计的山坡、谷底必须保持稳定。当土坡超过土壤自然安息角呈不稳定时，必须采用挡土墙、护坡等技术措施，防止水土流失或滑坡。

（6）人工土山堆置高度应与堆置范围相适应。并应防止滑坡、沉降而破坏周边环境。

（7）竖向设计除了创造一定的地形空间景观外，还应为植物种植设计、给排水设计创造良好的条件，为植物生长和雨水排蓄创造必要条件。

（8）竖向设计应合理利用和收集地面雨水，有效控制场地内不可渗透地表的面积，设置阻水措施，减缓径流速度、增强雨水下渗，并利用人工或自然水体蓄存雨水。

（9）缘石坡道现通用三面坡及扇面坡，坡道下口高出车行道地面高差不得大于20mm。

（10）竖向设计应考虑软质地表的排水坡度，宜符合表2-2的规定。

地表类型		最大坡度（%）	最小坡度（%）	适宜坡度（%）
草地		33	1.0	1.5～10
运动草地		2	0.5	1
栽植草地		视土质而定	0.5	3～5
铺装场地	平原地区	1	0.3	—
	丘陵地区	3	0.3	—

表2-2 软质地表排水坡度

（11）楼梯、坡道设计规范

①台阶的踏步高度（h）和宽度（b）是决定台阶舒适性的主要参数，两者的关系如下：2h+b=60±6cm为宜，一般室外踏步高度设计为12～16cm，踏步宽度30～35cm，低于10cm的高差，不宜设置台阶，可以考虑做成坡道。

②台阶踏步数不得少于2级，坡度大于58%的梯道应作防滑处理，并应设置护栏设施。

③楼梯踏步设计规范如表2-3所示；

状态	（踏步高）H（m）	（踏步宽）W（m）
室内	≤ 0.15	≥ 0.26
室外	0.12 ~ 0.16	0.30 ~ 0.35
可坐踏步	0.20 ~ 0.35	0.40 ~ 0.60
注：当台阶长度超过 3m（即连续踏步数超过 18 级时）或需改变攀登方向的地方，应在中间设置休息平台，平台宽度应 ≥ 1.2m。台阶坡度一般控制在 1/7 ~ 1/4 范围内，踏面应防滑处理。		

表 2-3 楼梯踏步设计规定

5. 现状处理

根据《公园设计规范》（GB 51192-2016）规范标准具体要求总结如下：

（1）园内古树名木严禁砍伐或移植，应采取保护措施。

（2）古树名木保护范围的划定必须符合下列要求：

成林地带外缘树树冠垂直投影以外 5m 所围合的范围；单株树同时满足树冠垂直投影及其外侧 5m 宽和距树干基部外缘水平距离为胸径 20 倍以内。

（3）保护范围内，不得损坏表土层和改变地表高程，除保护及加固设施外不得设置建筑物、构筑物及架（埋）设各种过境管线，不得栽植缠绕古树名木的藤本植物。

（4）有文物价值和纪念意义的建筑物、构筑物，应保留并结合到园内景观之中。

6. 园路及停车场

根据《城市绿地设计规范》（GB 50420-2007）规范标准、《公园设计规范》（GB 51192-2016）规范标准，《全国民用建筑工程设计技术措施：规划·建筑·景观（2009 版）》规范标准，具体要求总结如下：

（1）园路宽度宜符合表 2-4 的规定。

（2）园路线形设计应符合下列规定：

与地形、水体、植物、建筑物、铺装场地及其他设施结合，形成完整的风景构图；创造连续展示景观的空间或欣赏前方景物的透视线；路的转折、衔接通顺，符合行人的行为规律。

（3）主路纵坡宜小于 8%，横坡宜小于 3%，纵、横坡不得同时无坡度。山地公园的园路纵坡应小于 12%，超过 12% 应做防滑处理。

园路级别	场地面积 S（hm²）			
	S < 2	2 < S < 10	10 < S < 50	S > 50
主路	2.0 ~ 3.5	2.5 ~ 4.5	3.5 ~ 5.0	5.0 ~ 7.0
支路	1.2 ~ 2.0	2.0 ~ 3.5	2.0 ~ 3.5	3.5 ~ 5.0
小路	0.9 ~ 1.2	0.9 ~ 2.0	1.2 ~ 2.0	1.2 ~ 3.0

表 2-4 园路宽度标准

(4) 支路和小路，纵坡宜小于18%。纵坡超过15%路段，路面应做防滑处理；纵坡超过18%，宜按台阶、梯道设计，台阶踏步数不得少于2级，坡度大于58%的梯道应做防滑处理，宜设置护栏设施。

(5) 城市绿地应设2个或2个以上出入口，出入口的选址应符合城市规划及绿地总体布局要求，出入口应与主路相通。出入口旁应设置集散广场和停车场。

(6) 依山或傍水且对游人存在安全隐患的道路，应设置安全防护栏杆，栏杆高度必须大于1050mm。

(7) 坡度计算公式：坡度 =（高程差／水平距离）×100%

(8) 坡道最小净宽为1.5m，休息平台最小净深为2m

(9) 经常通行机动车的园路，宽度应大于4m。转弯半径不得小于12m。车辆转弯半径如表2-5所示。

(10) 人行道宽：不小于1m，并按照0.5的倍级递增。

(11) 机动车停车场用地面积按当量小汽车位数计算。停车场用地面积每个停车场为25~30m^2，停车位尺寸以2.5m×5m划分（地面划分尺寸），摩托车每个车位为2.5~2.7m^2。

(12) 当量小汽车换算系数。（表2-6）

(13) 停车场如果只有一个出入口，可设置边长至少大于6m的回车场地。（如表2-7）

(14) 消防车道宽度不应小于4m。轻型消防车道设有回车道或回车场，回车场形式如表2-7所示。

(15) 停车场规模及停车场出入口。（表2-8）

(16) 停车场的停车方式，根据地形条件以占地面积小、疏散方便、保证安全为原则，主要停车方式有平行式、垂直式、斜列式三种。其中间最小距离以小型车为例，停车方式如表2-9所示。

机动车最小转弯半径	车辆类型	备注
6.00m	车长不超过5m的三轮车、小型车	
9.00m	车长6~9m的一般二轴载重汽车、中型车	工业区不小于9m
12.00m	车长10m以上的铰接车、大型货车、大型客车等大型车	有消防功能的道路，最小转弯半径为12m

注：基地出入口转弯半径应适量加大。经常通行机动车的园路，宽度应大于4m。转弯半径不得小于12m。

表2-5 机动车转弯半径

车辆类型	各类车辆外轮廓尺寸（m）			车辆换算系数
	总长	总宽	总高	
微型汽车	3.5	1.6	1.8	0.7
小型汽车	4.8	1.8	2.0	1.0
轻型汽车	7.0	2.1	2.6	1.2
中型汽车	9.0	2.5	3.2	2.0
大型汽车（客）	12.0	2.5	3.2	3.0

表2-6 当量小汽车换算系数

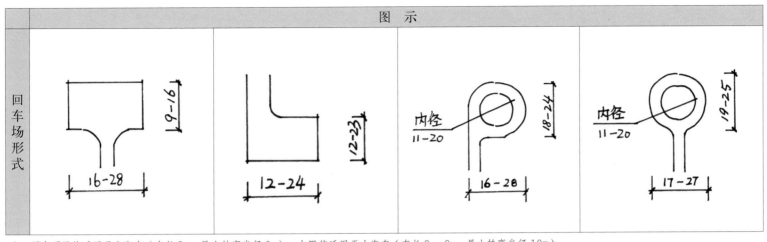

表 2-7 回车场形式图示

注：图中下限值适用于小汽车（车长 5m，最小转弯半径 6m）；上限值适用于大汽车（车长 8～9m，最小转弯半径 10m）

停车位数量	出入口数量
少于 50 个停车位	可设一个出入口
50～300 个停车位	应设两个出入口
大于 300 个停车位	出口和入口应分开设置，两个出入口之间的距离应大于 20m。出入口宽度不得小于 7m

注：停车场内的主要通道宽度不得小于 6m。

表 2-8 停车场规模与停车场出入口规定参考表

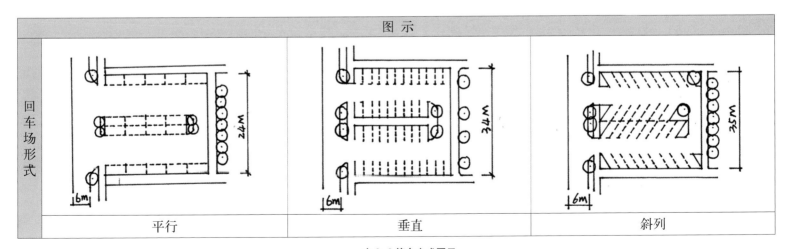

表 2-9 停车方式图示

（17）根据场地平面位置的不同可分为路边停车场和集中停车场，以小型机动车数据为主如表2-10。

（18）停车库出入口与城市人行过街天桥、地道、桥梁或隧道灯引道口距离应大于50m；距离道路交叉口应大于80m。

（19）近年来实施的《城市道路路内停车泊位设置规范》(GB/T850-2009)相关条例规定：停车场应该考虑设置残疾人专用停车泊位，数量应不少于总停车位的2%（即有65个停车位就应当设置一个残疾人停车位）。残疾人车位必须比普通车位宽1.2m，以供轮椅停放，轮椅通道应与人行通道衔接，当有高度差时，应设符合轮椅通行的坡道。在停车车位的地面上，应涂有停车线、轮椅通道线和轮椅标志，在停车车位的尽端宜设轮椅标志牌。

（20）根据《建筑设计技术手册》相关条例规定停车场位置与出入口设置。（如表2-11）

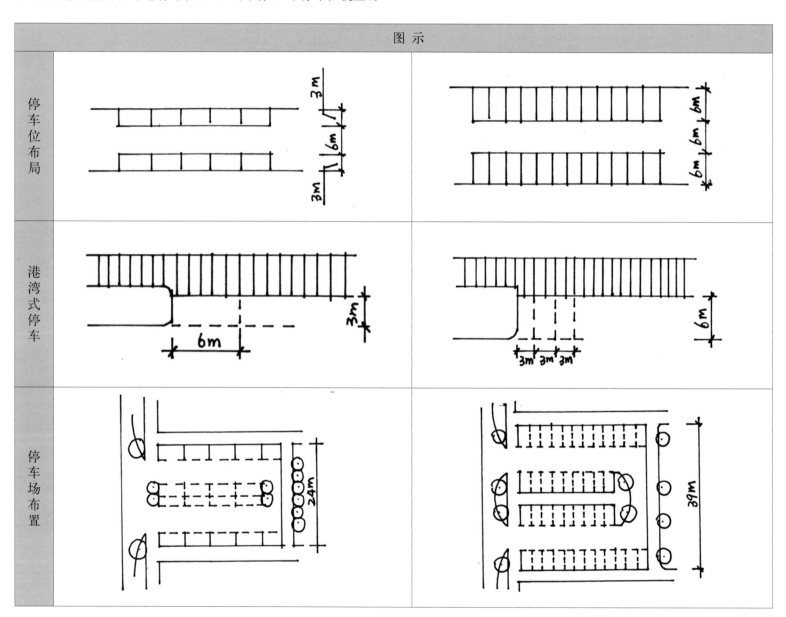

表2-10　停车方式图示

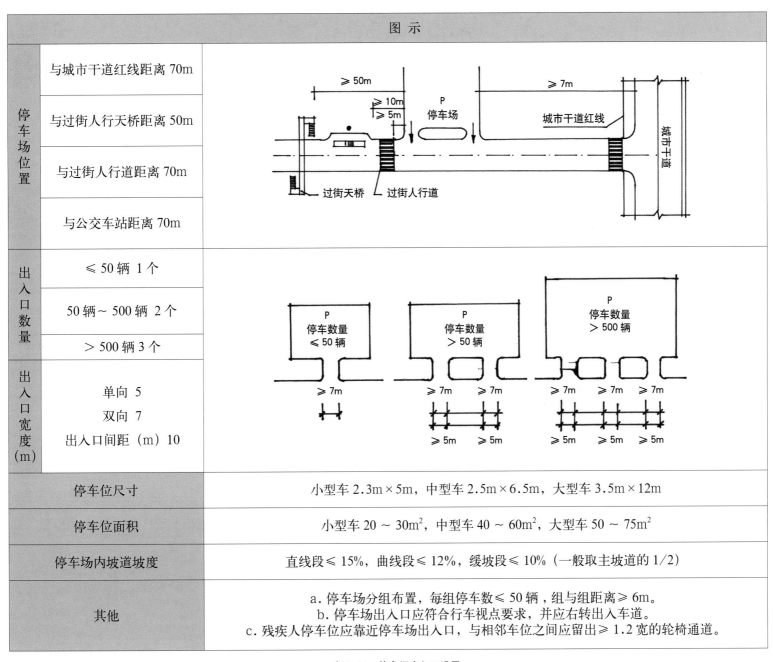

	图 示	
停车场位置	与城市干道红线距离 70m	
	与过街人行天桥距离 50m	
	与过街人行道距离 70m	
	与公交车站距离 70m	
出入口数量	≤50辆 1个	
	50辆~500辆 2个	
	>500辆 3个	
出入口宽度(m)	单向 5 双向 7 出入口间距(m) 10	
停车位尺寸	小型车 2.3m×5m，中型车 2.5m×6.5m，大型车 3.5m×12m	
停车位面积	小型车 20~30m^2，中型车 40~60m^2，大型车 50~75m^2	
停车场内坡道坡度	直线段≤15%，曲线段≤12%，缓坡段≤10%（一般取主坡道的1/2）	
其他	a. 停车场分组布置，每组停车数≤50辆，组与组距离≥6m。 b. 停车场出入口应符合行车视点要求，并应右转出入车道。 c. 残疾人停车位应靠近停车场出入口，与相邻车位之间应留出≥1.2宽的轮椅通道。	

表 2-11 停车场出入口设置

7. 室外活动场地

根据《全国民用建筑工程设计技术措施：规划·建筑·景观（2009版）》规范标准具体要求总结如下：

（1）应根据场地总平面布局的要求，确定各种铺装场地的类型和面积。铺装场地应根据集散、活动、演出、赏景、休憩等使用功能要求作出不同设计。

(2) 安静休憩场地应利用地形或植物与喧闹区隔离。

(3) 演出场地应有方便观赏的适宜坡度和观众席位。

(4) 铺装场地应考虑各种景观小品及设施的配置。

(5) 足球场、篮球场、羽毛球、排球场、乒乓球场、健身运动、游乐场应分散在住区、方便居民就近使用又不扰民的区域，不允许有机动车和非机动车穿越运动场地。（表 2-12）

(6) 老年人活动场地应靠近居住人口集中地区，地形平坦，并应结合绿地处于阳光充足、安静、卫生、无污染的场地。场地坡度不应大于 3%，在步行道中设置台阶时应设无障碍设施和扶手。

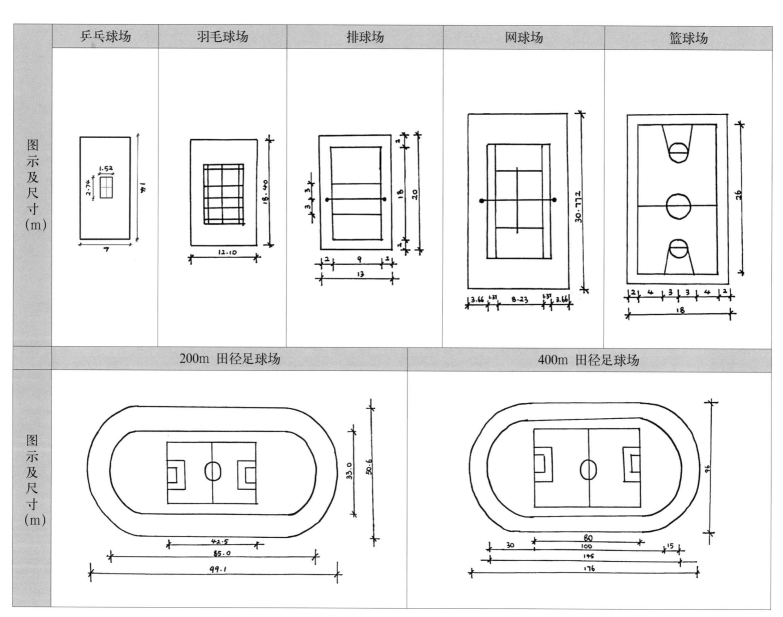

表 2-12　运动场尺寸图示

(7) 儿童活动场地

① 与主干道相隔一定距离，减少汽车噪声的影响，并保障儿童安全。场地应选在阳光充足、空气清洁，能避开强风侵袭的地段。应远离居民窗户 10m 以上，尽量有乔灌木阻挡儿童活动噪声，减少对附近居民的影响。尽量与老人活动区相邻，便于老人照看。

② 按儿童年龄分区，满足 1~3 岁、4~6 岁、7~12 岁不同年龄段对活动空间的不同需求。较小年龄段儿童活动区，地面要有防护软垫或安全沙坑。较大年龄段儿童社交需求提高，活动区应尽量设计一些木平台等交流休息的空间，以攀爬绳网、攀岩、滑板、自行车场地、有故事性的雕塑小品等配套设施为主。

③ 边界要围合或进行场地下沉处理，减少儿童安全隐患。

④ 周边植物不能有安全隐患，如容易引起过敏的植物、吸引蜜蜂的花卉、边缘尖锐的器材等。

8. 空间尺度

(1) 垂直界面对空间的划分与控制作用，与其高度及相对距离有很大的关系，因而在处理外部空间时，还要考虑建筑的高度（H），与围合空间的间距（D）之间的比例关系。以人站在建筑围合空间的正中央为例，如表 2-13，D/H 比值。

(2) 人能较好的观赏景物的最佳水平视野范围在 60°以内，观赏建筑的最短距离应等于建筑物的宽度，即相应的最佳视区是 54°左右，大于 54°便进入细部审视区。

(3) 广场空间适宜尺度（表 2-14）。

(4) 各类观赏尺度最适距离（表 2-15）。

D/H 比值	文字说明
1~2	空间最为紧凑。在苏州园林中经常见到此类型空间
2	中心垂直视角 45°，可观察到界面全貌，视线仍集中于界面西部，具有较好的封闭感
4	中心垂直视角为 27°，是观察完整界面的最佳位置，为空间封闭感的上限。故欲在广场和庭院营造违合感，其空间 D/H 不宜大于 4。此点是界定围合与开敞的分界点
>4	两界面间相互的影响已经削弱了，没有违和之感

表 2-13 D/H 比值空间分析

视距	可视内容
6m	可看清花瓣
20~25m	可看到人的面部表情，这一范围通常组织为近景，作为框景、导景，增加广场景深层次
70~100m	可看清人体活动，一般为主景，要求能看清建筑全貌
150~200m	可看清建筑群体与大轮廓，作为背景起衬托作用

注：作为人们休闲、活动的文化性广场，尺度是由其共享功能、视觉要求、心理因素和规划人数等综合因素考虑的，其长、宽一般应控制在 20~30m 为宜。在居住建筑或一般公共场地，尤其应该注意，忌大而空。

表 2-14 广场空间视距分析

类型	步行适宜距离	负重行走距离	正常目视距离	观枝形的距离	赏花的距离	心理安全距离	谈话距离
距离L（m）	500.0	300.0	≤100.0	≤30.0	9.0	3.0	≥0.7

表2-15 观赏尺度最适宜距离

9. 种植设计

根据《公园设计规范》（GB 51192-2016）规范标准、《全国民用建筑工程设计技术措施：规划·建筑·景观（2009版）》规范标准，具体要求总结如下：

（1）种植设计应根据当地日照、土壤、朝向等自然条件选择生长健壮、病虫害少、养护管理方便、对人体无害的植物来种植。

（2）充分发挥植物材料的各种功能和观赏特点，乔、灌、草及花卉等合理配置。提倡屋顶绿化和垂直绿化，形成多层次的复合结构，植物群落构思和谐，色、叶、树丰富，具有地域特点。

（3）儿童游乐区严禁配置有毒、有刺等易对儿童造成伤害的植物。

（4）居住建筑朝阳面种植设计应避免植物对居室内阳光造成遮挡。

（5）道路绿带设计，行道树植株间距应以树种成年期冠幅为准，最小株距4m，树干中心至种植池外侧最小距离宜为0.75m。

（6）广场植物配置，应考虑协调与四周建筑的关系，根据广场功能、规模和尺度，宜种植乔木，应考虑安全视距及人流通行要求，树木枝下净空应大于2.2m。

（7）树木与地面建筑物、构筑物外缘最小水平距离，如表2-16所示。

（8）单行整形绿篱的生长空间距离。（表2-16）

类型	地上空间高度（m）	地上空间宽度（m）
树墙	>1.6	>1.5
高绿篱	1.2~1.6	1.2~2.0
中绿篱	0.5~1.2	0.8~1.5
矮绿篱	0.5	0.3~0.5

表2-16 植物空间生长距离

（9）屋面种植设计应包括下列内容：

① 选择种植土类型；
② 不宜选用根系穿刺性强的植物；
③ 不宜选用速生乔木、灌木植物；
④ 高层建筑屋面和坡屋面宜种植地被植物；
⑤ 乔木、大灌木高度不宜大于2.5m，距离边墙不宜小于2m；
⑥ 花园式屋面种植的布局应与屋面结构相适应，乔木类植物和亭台、水池、假山等荷载较大的设施，应设在承重墙或柱的位置。

10. 小品设计

根据《全国民用建筑工程设计技术措施：规划·建筑·景观（2009版）》规范标准，具体要求总结如下：

小品元素是景观设计的细节要素，各类小品要素如景墙、外摆、假山、雕塑、台阶等都是需要设计师了然于胸，并和设计的空间结合起来的，力求通过小品元素的置入，体现场地空间的特征如表2-17。

类型	功能	设计要求	配合关系
门	分隔空间、限界标志、出入口	庭园、园林内如月亮门，尺度宜人，可富有趣味性，限界标志门尺度适当加大，形体多样	与廊、柱、墙结合
景墙	分隔空间、景观渗透、观赏、遮挡、衬托背景	墙体可做镂空、雕刻、凹凸纹理等变化，墙体高度根据空间大小适当均可	与绿化、广场、水景等结合，也可利用挡土墙作景墙
外摆（伞）	观赏、过渡、休息	体量适宜，与周围建筑风格协调一致	通常设置在商业区旁
园林建筑（亭）	观赏、过渡、休息	H=2.40～3.00m，W=2.40～3.60m，立柱间距=3.00m左右	——
廊	联系空间、观赏、过渡、休息	H=2.20～2.50m，W=1.80～2.50m	单纯过渡式仅为通廊、开敞、半开敞式，可供休息观赏
桥	分隔水面、联系交通、点缀风景	应根据通航、通车、行人等要求进行设计。桥底与常水位之间净空高度应大于1.5m	可与廊、亭结合，廊桥需设观赏座凳
汀步	临水、步行道路	结构牢固稳定，步距≤0.5m，水深不大于0.5m	——
座椅（凳）	休息	座高0.35～0.45m，椅座面宽0.40～0.60m，凳面0.40m×0.40m	广场景点、绿荫、路旁、游戏场，可与种植池、台阶结合制作
雕塑	观赏	要有艺术性，与整体规划主题一致，尺度适宜	——
台阶	高低差过渡	踏步高≤0.15m，宽度≥0.30m，踏步间平台宽度≥1.5m，需考虑轮椅坡道	可与种植相结合，软化台阶
树池	观赏，突出所需种植物	可坐人树池高度控制在0.3～0.45m，宽度0.4～0.6m	可与台阶、座椅、道路及各种景观物结合

表2-17 植物空间生长距离

2.3 第三类 表达表现

图示要素包括四类图纸、三类文字。其中，四类图纸包括总平面图、分析图、剖立面图、透视图；三类文字包括标题、设计说明、经济技术指标。

	项目	内容	规范表达
四类图纸	总平面图	场地周边情况、道路、广场、节点、绿化、建筑、构筑物、水体	图名，比例，比例尺，指北针，标高，水位标高，主要出入口，设计内容标注，剖切符号，建筑名称、面积、层数，建筑出入口，场地周边道路名称
	分析图	道路交通分析、功能分区分析、空间结构分析、种植分析，根据题意和设计意图适当增加其他分析图	图名，比例，图例
	剖立面图	高差变化、空间变化、绿化种植、建筑、构筑物、人物、天空等配景	图名，比例，标高，水位标高
	透视图	重要设计节点透视图、鸟瞰图	图名
三类文字	标题	风景园林设计主题，题目	
	设计说明	设计主题与概念、设计特色、功能安排、结构特点等整体介绍、重点介绍亮点设计	
	经济技术指标	总用地面积、总建筑面积、建筑密度、容积率、绿地率、绿化覆盖率、停车位等	

表 2-18 常见要素整合排版表

一般根据题目的要求，会要求学生将这些图纸要素组合起来。多数要求为一张 A1，或者是两张 A2，也可以是多张 A3。不同学校在不同时期，对于要求都会有变化。万变不离其宗，形式变化固然无法预测，但是本质的内容不会偏离，把握内容、不为形式所累，才是设计所在。

整张 A1：以整体饱满、充实的构图风格最为常见，过分设计的版式往往会损耗一些时间，在多数时候难以实现。

两张 A2：依据各类图纸的大小，一般总平面图配合部分分析说明作为一张，另外的作为一张，当有特殊表达意图的时候，组合的关系可以随着需求变化。

多张 A3：图纸张数越多则越需要标明图纸顺序，以便阅读。图示要素的组合，可随表达重点的由强及弱的顺序表达。

箭头表达图示

2.3.1 总平面图

总平面图是评判快题级别的重要图纸，通过总平面图能够充分反映出设计者的设计能力。风景园林平面图反映的风景园林元素包括道路、绿地、广场、建筑等的结构与布局，并且按照一定的规范和比例绘制。

在总平面图中需要表达出的内容有：设计红线外的道路、用地情况；场地中需要保留或者改造的建筑、构筑物、地形或者植被；满足任务书要求建造的建筑，需表现建筑的形式，并标明建筑的性质、面积、层数；道路、广场、停车场的位置，地下停车场出入口的位置；绿化、铺装、设施的位置形式表达；以及相关的规范表达如图名、指北针、比例尺等。

总平面图绘制原则：

（1）色彩明快，清晰明了；
（2）简洁清晰，突出设计；
（3）直指心性，避免繁杂；
（4）标注清晰，文字准确。

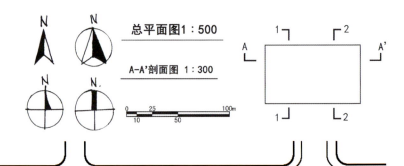

总平面图 1:500

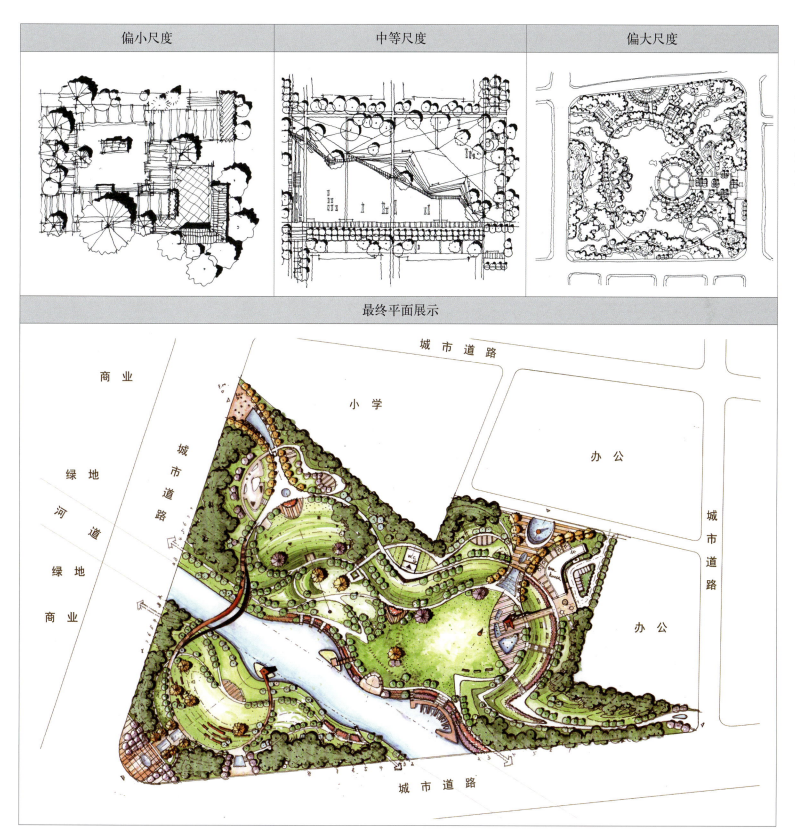

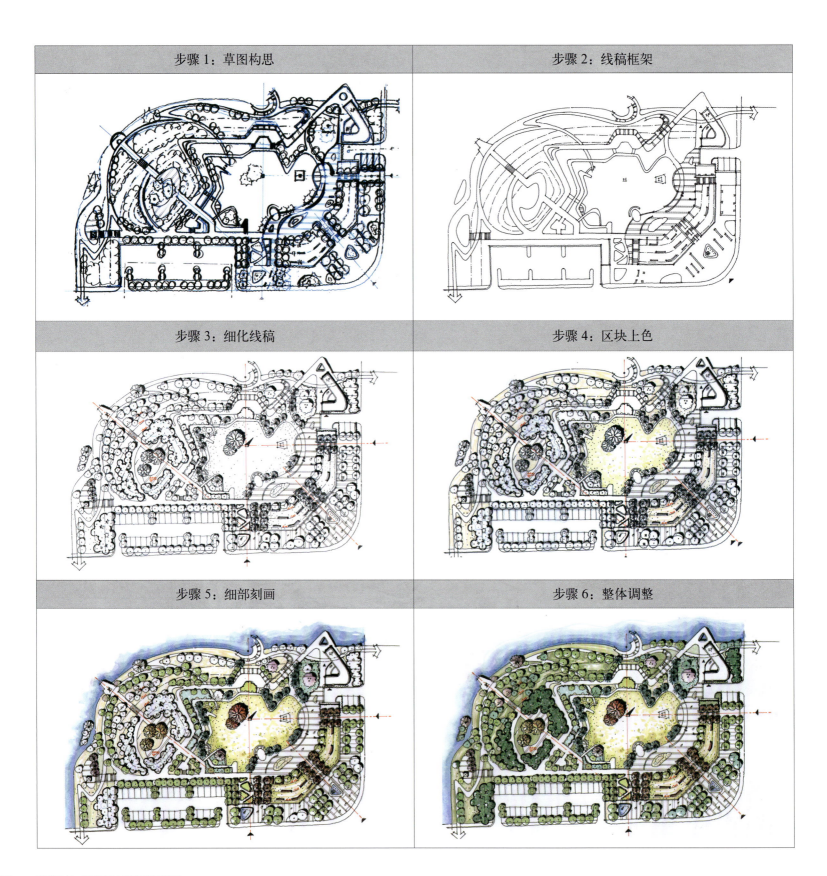

最终平面展示

步骤详解

步骤1：以拷贝纸、粗线条完成方案设计的初步构想，预留设计空间。

步骤2：以硫酸纸、细线条描绘清楚方案的基本框架，主要包括植被以外的所有要素。

步骤3：深化植被设计，建立多层次的植物环境与要素。

步骤4：对浅色区域进行着色，适度地留白，保证图面透气。

步骤5：对上层、中层重点植被进行差异化色彩描绘。

步骤6：适度刻画中心区域的剩余植被，完善体系。

步骤7：深化铺装色彩表达，丰富整体图面，标注完善表达。

其他注意事项

| 纸张：拷贝纸、硫酸纸 | 用时：1.5h | 工具：针管笔、马克笔、平行尺。 |

2.3.2 分析图

风景园林设计分析图反映方案的设计思路，反映设计者对于道路交通的组织、功能区块的划分及空间结构的规划等。分析图辅助平面图可以让阅图者迅速把握方案整体结构特征。风景园林设计在表达上采用模式化的图示语言，要求图面清晰，一目了然；标注图名、图例、比例。

风景园林设计分析图内容包括：道路交通分析、绿化景观分析、景观结构分析、景观视线分析、功能分区分析、空间结构分析图等。道路交通分析图内容包括一级园路、二级园路、三级园路等，可以适当添加设计中的特色道路，如滨水走廊、文化走廊等；功能分区分析图用来合理地安排场地各部分的功能，并且用不同颜色清晰明了地传达各个区块；空间结构分析图包括主轴线、次轴线、核心空间、入口空间等。

分析图绘制原则：

（1）专类分析，信息专属；
（2）重点强调，切莫填图。

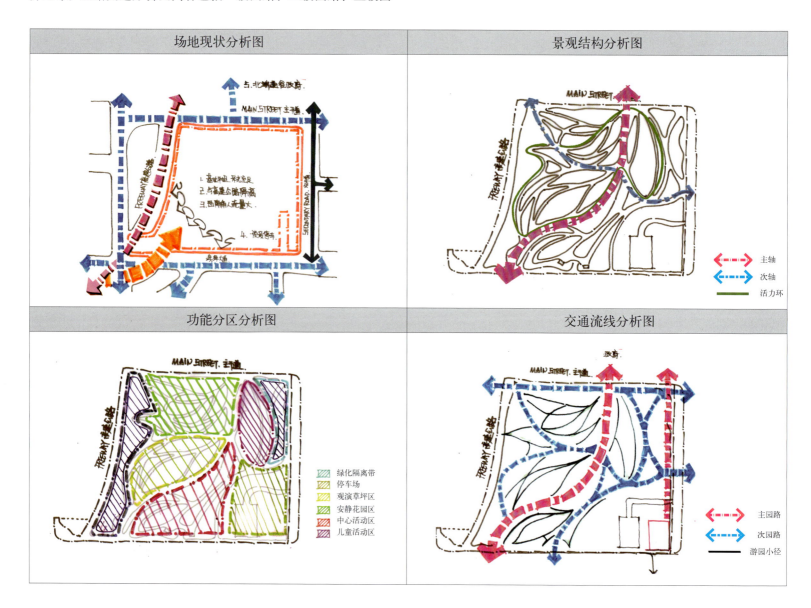

2.3.3 剖立面图

剖立面图是在一个剖切断面上直观地反映出场地的高差变化、空间氛围变化。一个较好的剖面图在表达上清晰、有层次，可反映场地的实际空间关系。滨水的方案中剖立面图显得尤为重要，表现出设计者处理高差的能力。滨水区剖立面图还可以反映滨水处理的方式、空间氛围的节奏变化。表达中要标明，图名和比例，一般比例与平面图一致或放大。

剖立面图绘制原则：

（1）地形准确，剖实看空；

（2）主次清晰，虚实结合；

（3）标注简明，设计准确。

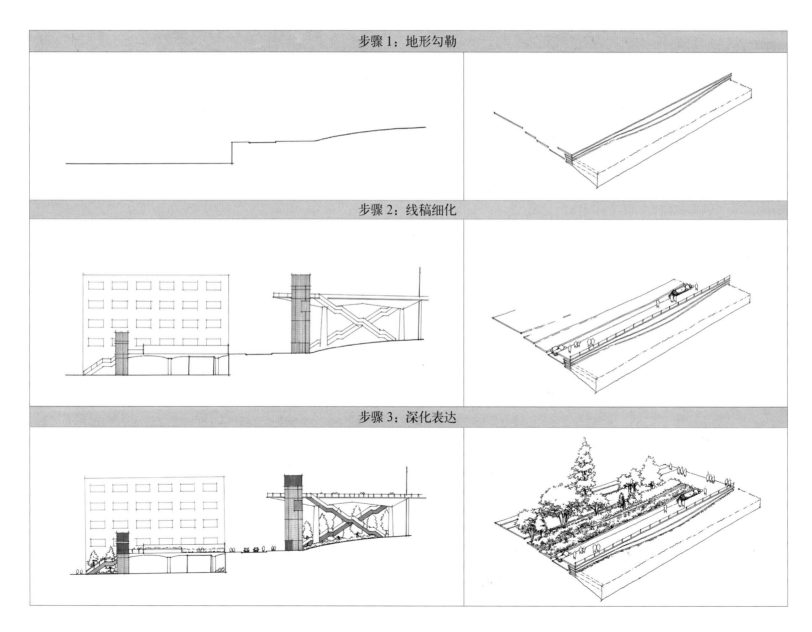

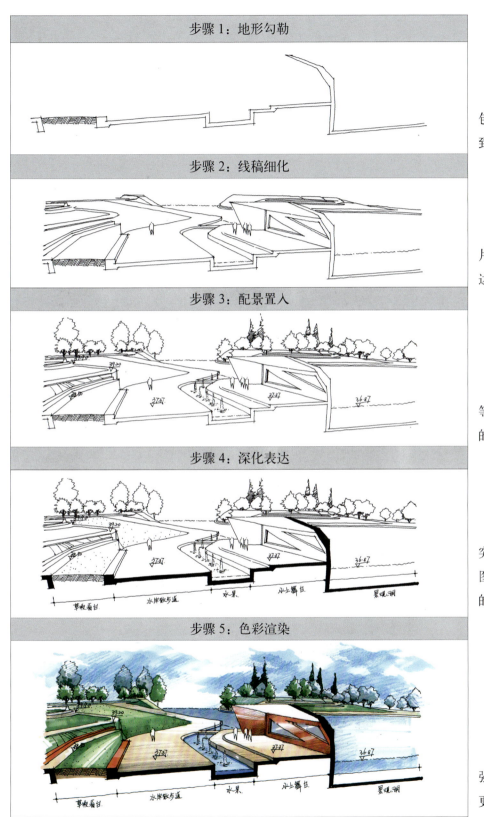

草图构思阶段先以大线条绘制整体地形，包括软质、硬质整体的竖向地形关系，务必做到数据准确。

线稿细化阶段加入纵深景观要素，刻画大片地形、铺装、构筑物、园路等，此阶段的表达注重整体的比例关系与透视。

配景置入阶段加入透视纵深的植物、人物等要素，通过大小位置的对比，强化剖立面图的空间气氛，更直观地表达空间意图。

深化表达阶段需要通过明暗对比进一步突出设计的重点，通过各类细节要素的文字图示、竖向标高、尺寸数据准确反映出设计的空间细节。

以色彩渲染的手段，突出空间明暗关系，强化视觉焦点、深化设计、表达重点，使图纸更有艺术感染力。

2.3.4 效果图

1. 人视点效果图

风景园林透视图是直观呈现设计方案空间效果的图纸，是设计成果中非常具有表现力的一类图纸。风景园林透视图一般是从人视点出发反映周围空间和风景园林要素立体组织绘制而成的风景园林效果图。徒手表现效果图需要扎实的画图功底，所以这也是设计者的设计表现素养的体现。应试者往往想通过背记一些万能的透视图用于应试，这对于难度不大的考试和题目不失为一种方法，但是有些较难的题目答案往往规避掉背图的可能，或者对于背图的同学予以一定的扣分。

效果图绘制原则：

（1）透视准确，近大远小；
（2）层次清晰，主题明确；
（3）对图绘制，切勿背图。

步骤1：建立坐标	步骤2：灭点确定	步骤3：草图勾勒
步骤4：前景描绘	步骤5：线稿完善	步骤6：主体阴影
步骤7：阴影加深	步骤8：主体渲染	步骤9：整体完善

马克笔表达法

马克笔在用笔上应做到明确肯定,利用马克笔特性画出明快、透亮的色彩关系。

用色上明确图面的主次关系。本图水景景墙采用暖色调,背景植物主要用偏冷绿调,以冷暖对比来明确主次关系。

彩铅表达法

使用彩铅上色应参考马克笔对环境的色彩关系及明暗关系的表现,运笔采用45°排线,通过运笔的力度,表现出不同的明暗关系。

马克笔表达法

2. 鸟瞰图

有些快题考试会要求考生画风景园林设计整体方案的鸟瞰图，直接呈现出方案的整体效果和空间特色，是设计成果中非常具表现力的图纸。鸟瞰图选择高于人视点的位置，是观察整个场地绘制而成的空间透视表现图。

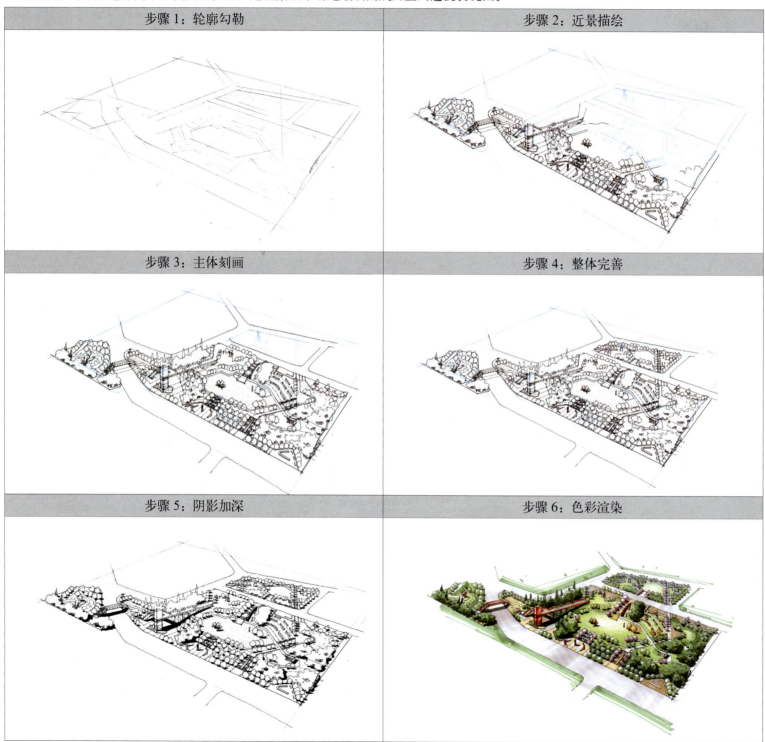

3. 轴测图

轴测图相较于鸟瞰图更为简单，相较于风景园林透视图（人视点效果图）则有难度。轴测图的要求可以避免出现背图情况，常以 30°、45°、60° 倾斜角度绘制，以表达清楚为主。

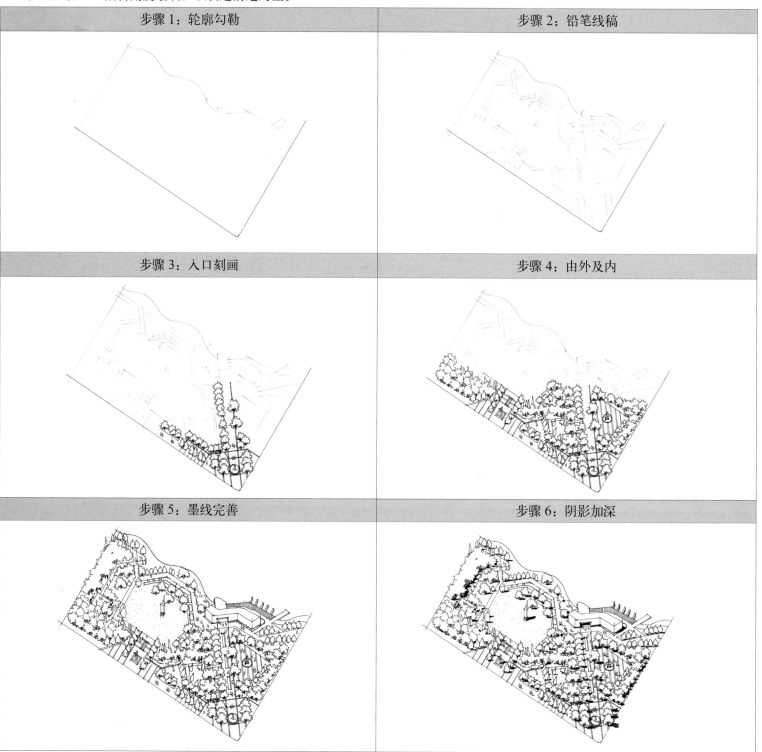

2.3.5 标题

标题是风景园林快题设计表达的第一眼成果。标题一般有标准化的"快题设计"几个字，也可以适当增加有主题的副标题，突出设计特色和亮点。一般标题可以提前练习好标准化的题目，在快题设计考试中加快应试速度。

2.3.6 设计说明

风景园林方案快速设计的设计说明一般通过简要的文字阐释设计理念、整体构思和方案特点。设计说明涉及的内容一般包括对设计背景的简要介绍、设计原则目标、设计主题和构思、大体空间结构及布局、功能分区和道路组织方式。文字应简洁、有力、清晰、明了。

设计说明图示

2.3.7 技术经济指标

设计者要清楚指标条目，了解计算方式，根据风景园林方案内容填写技术经济指标。（表 2-19、表 2-20）

指标名称	数量	单位	计算方式
总用地面积	5.8	hm^2	题目给出的规划设计用地面积
总建筑面积	1000	m^2	规划设计场地内所有建筑的面积总和
容积率	0.02	/	容积率＝总建筑面积／规划设计用地总面积
建筑密度	8.6	%	建筑密度＝（建筑基地总面积／规划设计用地总面积）×100%
绿地率	75	%	绿地率＝（各类绿地总面积／规划设计用地总面积）×100%
绿化覆盖率	83	%	绿化覆盖率＝（绿化在地面的垂直投影面积的总和／规划设计用地总面积）×100%
停车位	30	个	停车位个数

表 2-19　常见技术经济指标表（数据为示意）

用地名称		数据
总用地面积		13500m^2
其中	绿地	9800m^2
	水域	1200m^2
	道路及铺装	2300m^2
	建筑及构筑物	200m^2
总建筑面积		400m^2
建筑占地面积		200m^2
建筑密度		1.5%
容积率		0.015
绿地率		75%
停车位		10 个

表 2-20　风景园林常见类技术经济指标表（数据为示意）

2.3.8 图示表现

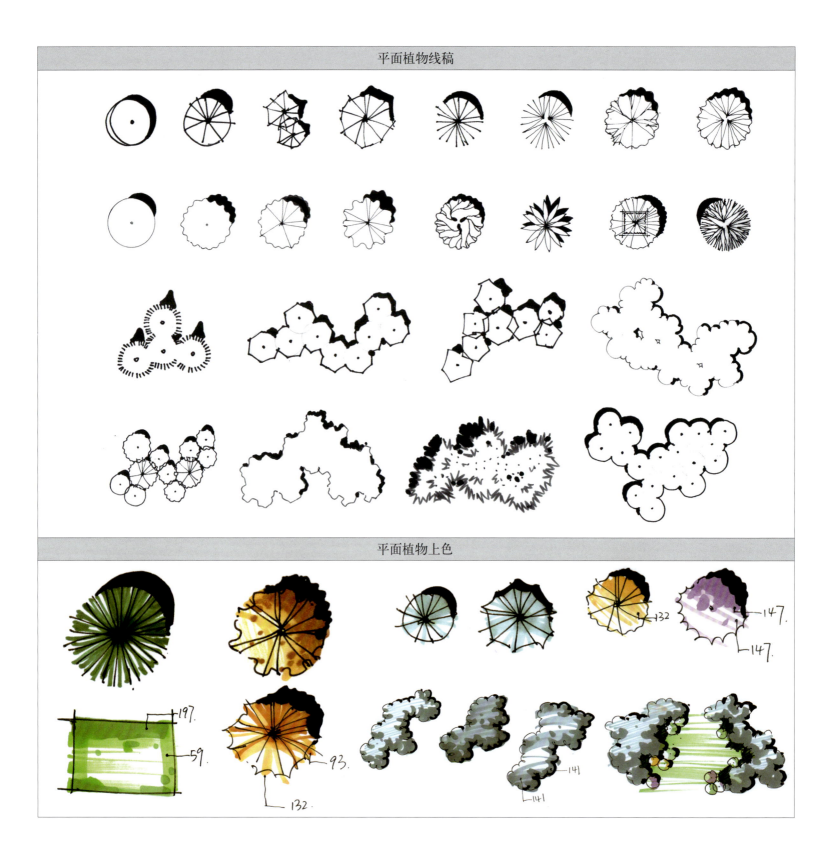

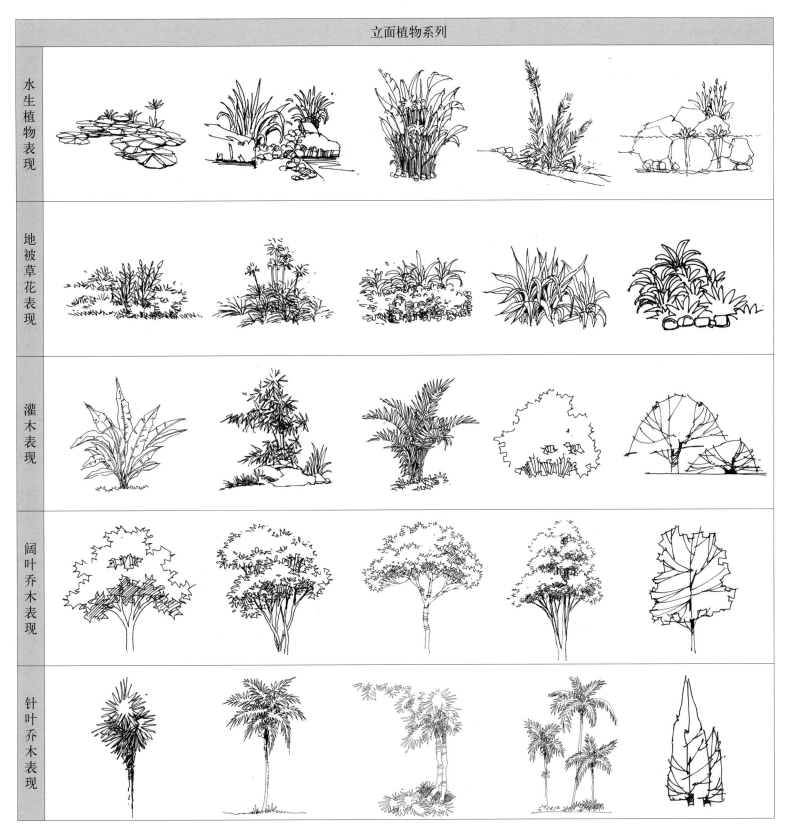

其他元素

石头表现

小品表现

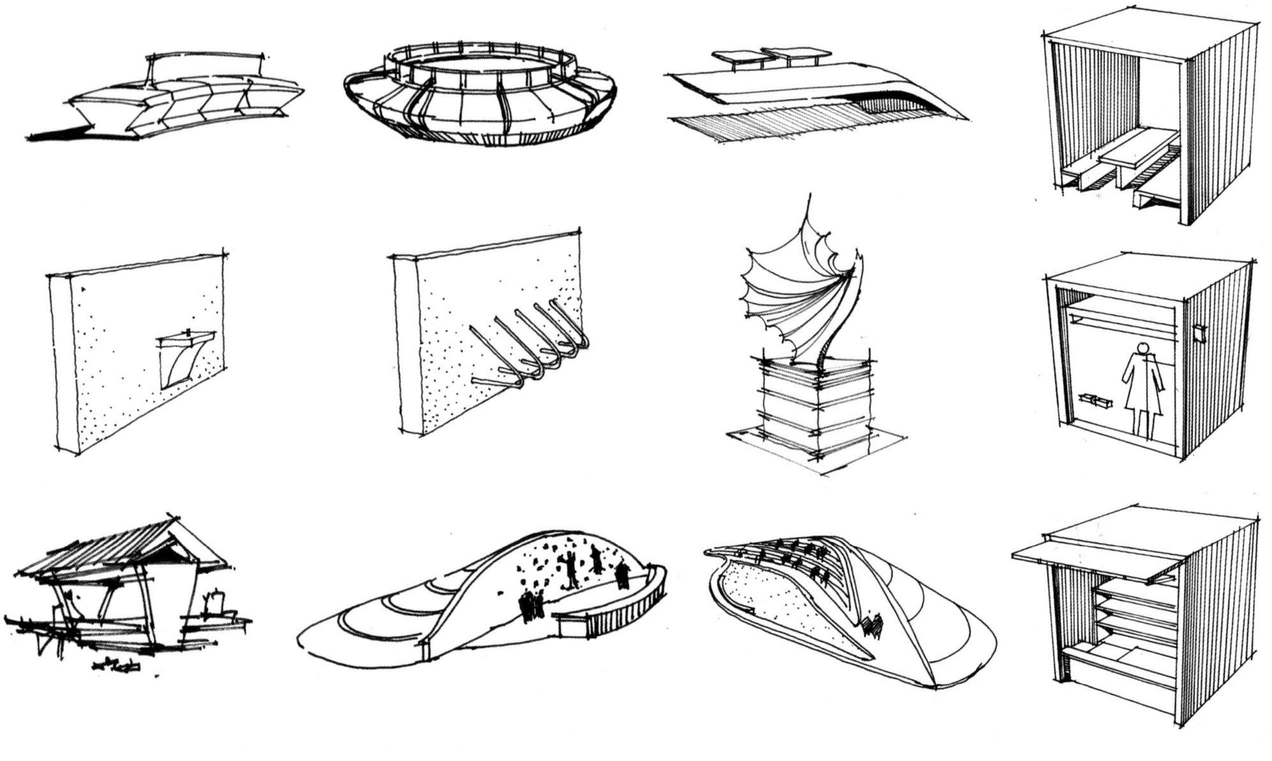

3 六类设计要素
SIX TYPE DESIGN ELEMENTS

3.1 要素详解

风景园林设计是由地形、水体、植物、建筑、铺装、园路六大基本要素组成的。设计师根据各自的特点，通过艺术的手法将各要素有机的组织起来，六者相互影响、相互统一。其中地形、水体构成了设计的主要骨架，植物作为生长的载体是最有生命力的，铺装、园路作为实用空间要素是景观真正使用价值的实现主体。

风景园林快速设计的构成要素同样是这六种。受限于设计时间的巨大差异，设计的深度和复杂程度较实际操作会更为抽象、简练。这也对设计者掌握要素组合方法的熟练程度提出了较高的要求。要素组合的变化是空间和功能营造的差异来源。任何一种要素都可以成为空间构成的核心要素，也可以成为不可或缺的配角要素。而决定要素主次与在空间中角色的根本原因是基于对设计空间的基本意图。比如当需要塑造一个活动性强的儿童活动或休闲活动类空间场地，那建筑、铺装、构筑物等则成为了空间的主导要素，如果加入地形空间形象的概念来组织建筑、铺装等要素，则会变得更有趣。当我们塑造的是生态教育性空间时，自然的水体、地形、植物则成为了空间的核心要素。

综上所述，空间要素的组合关系、主次关系、形式关系，可以演绎出无数类型和特征差异形态的空间。设计要素作为设计的构成基础，如同作文中的字词，认知要素是基础，核心要素组合是进阶，合理运用是做好快速设计的前提。

图 3-1 托马斯·巴尔斯利，韦斯／曼弗雷迪（Thomas Balsley Associates, Weiss／Manfredi）设计事务所 纽约南猎人角滨水公园草图

3.1.1 地形

1. 地形塑造类型

地形：是指地表三维空间的起伏变化所形成的多种多样的外貌或者形态。地形是人类活动的基础，是构成园林的骨架。在景观中，地形是组织景观中其他要素和空间的主线。除最基本的承载功能外，还可以利用地貌的变化，创造出不同类型的活动场地，以满足人们的需求。地形依据形态塑造方式可以分为自然式地形、规则式地形和参数化地形。无论是自然式地形还是规则式地形，设计师都应当考虑要形成何种空间感觉、体现场地何种特点，以及如何为不同需求的人群提供多样活动空间。

类型	规则式地形	自然式地形	参数化地形
图示			
特征	采用雕塑的人工化形式，打造出的几何规则、棱角清晰形态的地形。融合现代极简设计手法	模拟自然山体、缓坡地形的体态、层次、起伏等特点，使之在空间布局中最大化符合自然规律	是具有有机形态的"大地艺术"式的地表造型，能给人以强烈的视觉冲击，形成极具个性的场所特征和空间氛围

2. 地形表达方式

等高线指的是把地面上海拔高度相同的点相互所得的闭合曲线。将其垂直投影到一个水平面上，并按比例缩绘在图纸上，抽象表达为等高线。同等比例下，等高线越密的地方地形越陡，越疏的地方则越缓。

（1）等高线表达法

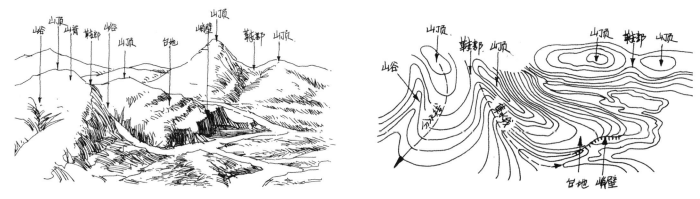

图 3-2　地形表达（改绘）

在绘制等高线的时候要注意以下法则：第一，原有等高线用虚线，设计后等高线用实线。第二，等距的等高线都是各自闭合的，一般不会交叉（除自然的悬崖外）。第三，地形以等高线表达式为主，另外辅助的表达方式还有控制点标高及坡度、坡长标注等。

（2）辅助表达要素

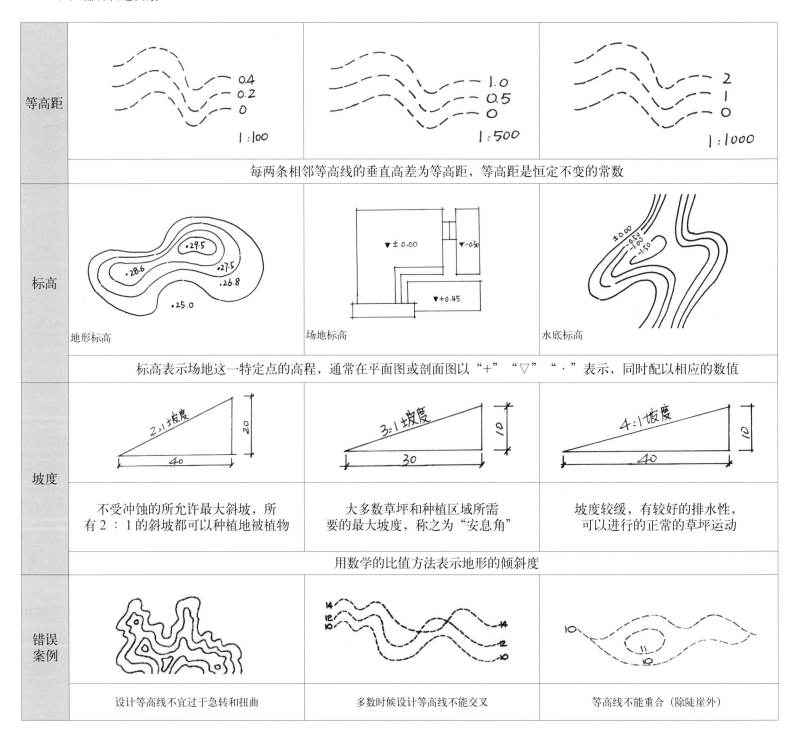

(3) 自然地形的类型

地形	凸地形	凹地形	山脊	山谷	鞍部	陡崖
表示方法	闭合曲线 外低内高	闭合曲线 外高内低	等高线凸向 数值高处	等高线凹向 数值低处	一对山峰中间 相接处	多条等高线汇 合重叠在一处
示意图						
等高线表示法						
地形特征	四周低中间高的示坡线表现在等高线外侧，坡度向外侧降	四周高中间低的示坡线表现在等高线内侧，坡度向内侧降	从山顶到山底凸起部分，山脊线也叫分水岭	从山顶到山底凹起部分，山谷线也叫汇水线	相邻的山顶之间呈马鞍形，两山之间比较平缓的部位	几乎垂直于山坡，峭壁上部凸出，常称作悬崖、陡崖
地形应用	凸地所处位置一般作为登高远望之处，常设以高塔、观景亭作为视觉的焦点	凹地是一个具有内向性的空间，凹地可结合需求内向关系较多的功能布局场所	山脊坡度往往较为缓和，在不影响生态环境的前提下，可以作为登山步道的选线路径	为雨水汇聚处，是常出现洪泛的区域，设置场地的时候应分布在相对安全的区域	鞍部同样存在较缓的空间特征，是穿越交通选线的较佳之处	考虑安全防护设施的设置，可在安全条件允许的情况下，安排适度的极限体验项目

(4) 多种地形组合

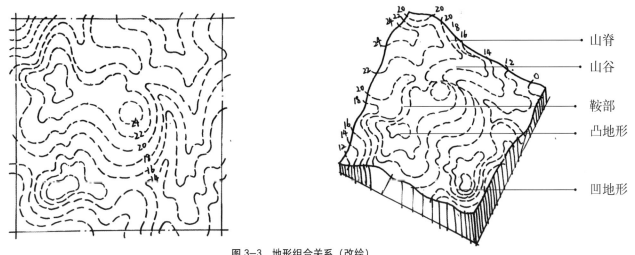

图 3-3　地形组合关系（改绘）

3. 地形的作用

地形设计是风景园林设计中的一个重要环节，是户外环境营造的必要手段之一。地形是指地表在三维空间上的形态特征，除最基本的承载功能外，还起到视线控制、气候塑造、边界限定和空间点缀等作用。同时，地形还是组织地表排水的重要手段。

（1）视线控制

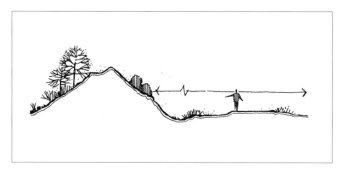

在垂直空间中，地形可以影响可视目标和可视程度，创造出差异化景观层次。也可以影响观赏者与所视景物或空间之间的高度、距离关系，以此判断方案修正的方向。

（2）气候塑造

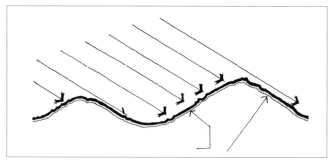

地形能影响光照、风向，以及降雨量。在北半球，朝南的坡向要比其他坡向受到日照时间长。通常活动草坪较缓的一面都朝南。

（3）边界限定

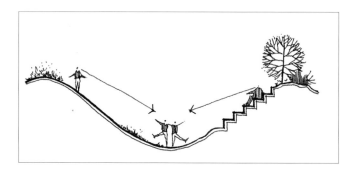

斜坡地形能够阻挡视线，形成空间的边界，水平地形则相反。地形常常成为空间的"骨架"，影响场所特征，控制场地范围。

（4）空间点缀

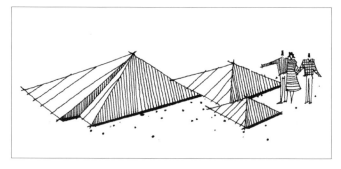

尺度较小的地形常用于场地空间上的点缀，可以与水体、座椅、雕塑搭配，丰富空间内容，增加趣味性。

3.1.2 水体

水体："水者,地之血气,如筋脉之流通也。"人类自古喜欢择水而居,水已成为园林游乐必不可少的内容。在中国传统的园林中,几乎"无园不水",故水被称为"园之灵魂"。

水本身的特性决定了水景设计的可塑性、流动性、变化性和不可确定性,在园林设计中成为构景的焦点或载体,如湖泊、池塘、溪涧、叠水,亦或是喷泉、水池、水幕等,都是以水体为题材。水体可以创造空间,隔离空间,因此也会成为园林的主体。园林中的功能区、风景园林建筑、植物也围绕它而展开。

1. 水体状态

按水体的状态可以分为静水和动水,静水指成片汇集的水面,是不流动的、平静的水,常以湖泊、水池、水塘、人工静水面等形式出现,给人以宁静、安详的感觉。动水常见于河流、溪流、旱喷、喷泉等。

类型	静水	动水
图示	平面图 / 立面图	平面图 / 立面图
要点	静水有着不同的形态,其作用都是为了强调景观,形成景物的倒影,以起到聚集视线的作用	动水具有活力,喷泉、旱喷常作为空间的汇聚中心,动水能使人兴奋、激动

2. 水体的形态

水体按形态可以分为规则式和自然式。

规则式水体常以L形、矩形、梯形、多边形等人工化形式出现,或利用这些基本的几何形体进行组合叠加。自然式水体是对自然界中出现的水体形态的移摹缩写,又可分为线状和面状自然式水体。线状自然水体包括河、溪、瀑、泉等形式,面状自然水体可分为湖、池、潭等。

(1) 水体的规则式形态

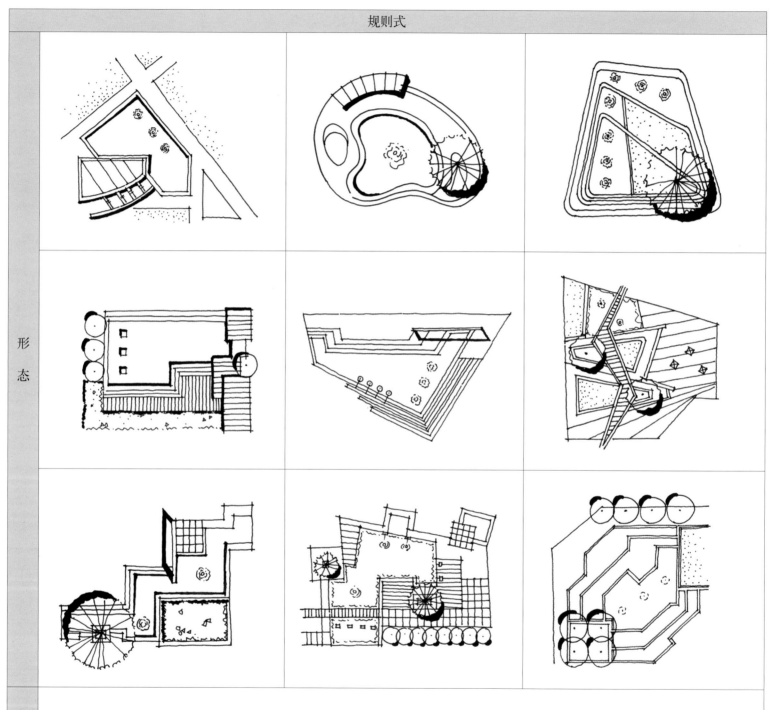

规则式	
形态	
说明	规则式水体适用于规整的环境。常常与景观结构、建筑空间等硬质的场地相结合，起到强化空间中心的作用。此类水体相对较小、空间独立集中，常与景墙、雕塑、汀步、种植池搭配

（2）水体的自然式形态

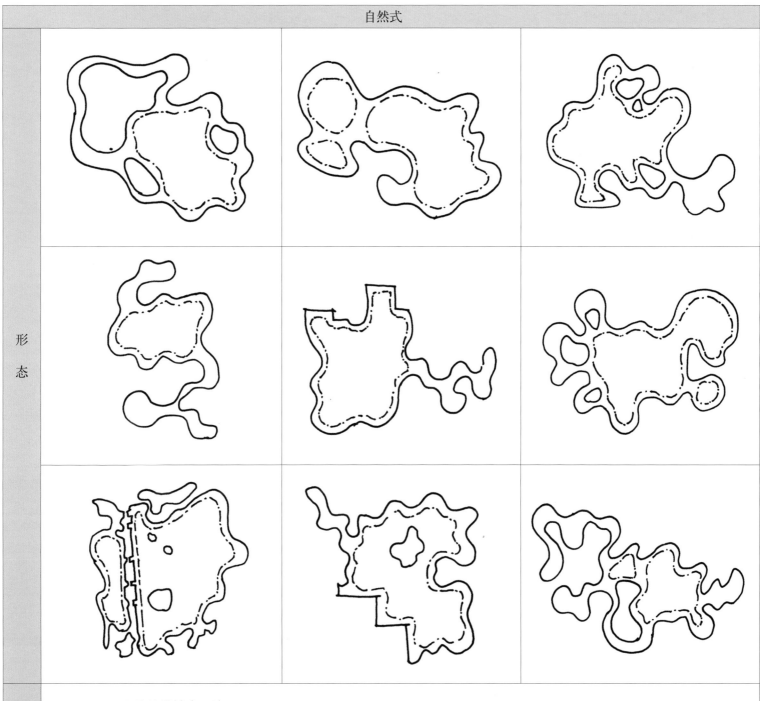

	自然式
形 态	
说 明	在曲线自然式水体的设计中，除了要注意平面上曲折流畅、竖向上高低起伏，还要注意水流的方向动势。水流冲刷的地方将会被变宽放大，所以在河流、小溪等线状自然水体的设计中，应注意这种波浪状忽宽忽窄的形态变化。这种形态变化往往与自然力学存在明显的逻辑关系

3. 水体要素

大型的风景区、公园中的水景通常是构景的框架和载体。大型水面集中而平静的水面能使人感到开朗，水体设计上形成一种向心和内聚的格局。小型水面用岛、湿地、长堤、桥等来划分水面、增加层次，把面分割成若干相互连接的小水域，创造出不同的水空间，强调水系的自然多变性。也可在小型水面最窄处设桥，用以分段和联系两岸，并作为景观点。

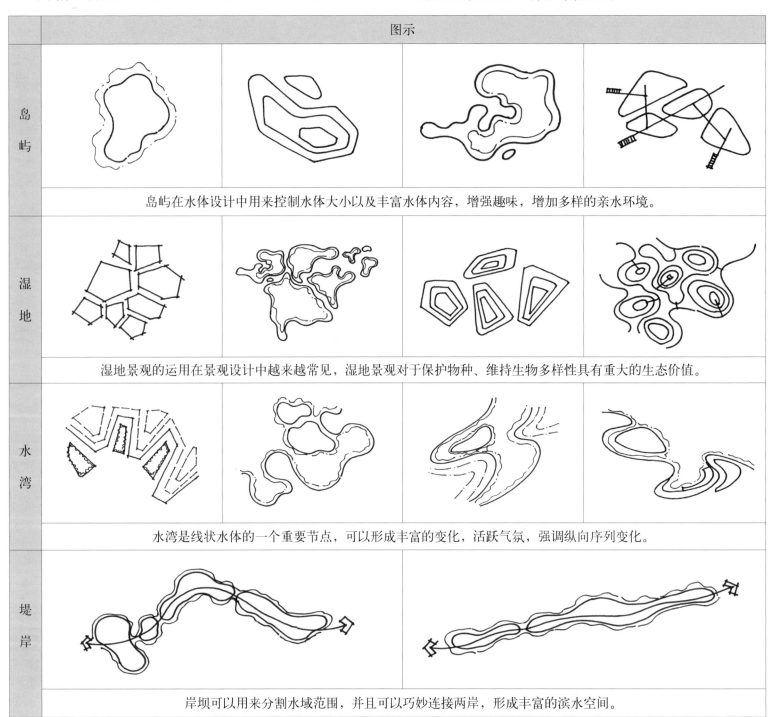

	图示
岛屿	岛屿在水体设计中用来控制水体大小以及丰富水体内容，增强趣味，增加多样的亲水环境。
湿地	湿地景观的运用在景观设计中越来越常见，湿地景观对于保护物种、维持生物多样性具有重大的生态价值。
水湾	水湾是线状水体的一个重要节点，可以形成丰富的变化，活跃气氛，强调纵向序列变化。
堤岸	岸坝可以用来分割水域范围，并且可以巧妙连接两岸，形成丰富的滨水空间。

4. 水体空间类型

大型的场地内，水系形态丰富，点、线、面多种形式的水景并存。根据场地的条件，水体设计时应该注意层次的变化与不同水体空间的营造，要有大有小、有收有放、有静有动、有聚有散，使辽阔的主水面与曲折深幽的次水面形成丰富的空间体验。

种类	说明	呈现形式
点	点状水则作为一个焦点的存在，成为一个节点的亮点，需要满足使用者的亲水性，有利于活跃场地气氛	旱喷、大型喷泉、瀑布、跳泉、叠水、泉
线	线状水体常作为河流、水源、水尾或环绕某一主体的形式存在，重视有收有放、有开有合、曲折有致的序列变化，最终汇聚成面状水	河流、水渠、涧、溪
面	面状水以大湖形式出现，常作为中心湖景区，可开展丰富多彩的水上活动。与线状水形成明显的空间差异，印证了聚处以辽阔见长、散处以曲折取胜的不同特点	湖、池、潭、湾

水体的空间类型分析

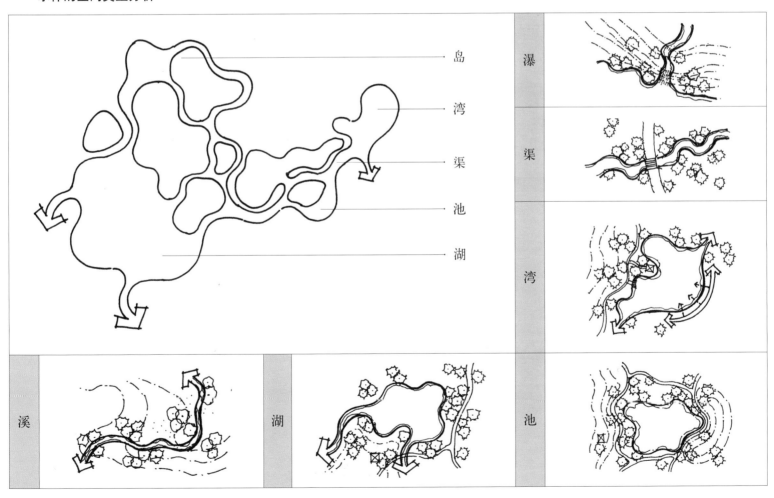

5. 水体作用

水的作用灵活多变。水体可以控制视线、控制小环境气候，并且可以成为空间的点缀。水体常成为场所的构图中心，或是景观焦点，关乎整体布局。以水面作为空间构成的核心，使整个场所的空间结构围绕水来展开，是常用的布局思路之一。

（1）视线控制

在水体设计中，水体完全暴露在人们的视野之中并非上策，水体应当与植物、地形、建筑等设计要素结合，对景观相互遮掩，使一部分消失或隐藏在小丘或树丛之后，形成丰富水空间的差异体验。将景观成序列的逐一展开。

（2）气候营造

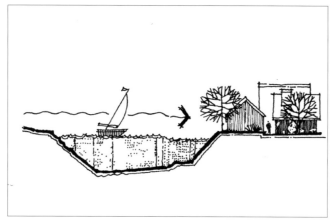

水可以用来调节室外的环境和地面的温度，大面积的水域能影响周围环境的温度。水面吹来的微风是其影响小气候的最佳价值体现之一。

（3）空间点缀

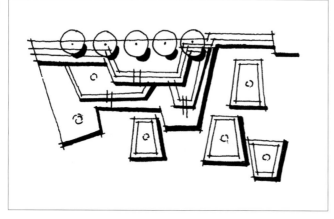

利用水体的可塑性、灵动性、多样性等特点，可以在场地设置喷泉、水池、叠水，从而避免造成硬质空间的呆板、乏味。

3.1.3 植物

1. 概要

"山水是骨架,植物是毛发",植物在风景园林设计中处于至关重要的地位。植物与其他设计要素不同的是,它是有生命的,是时时不断在变化的,会随着生长的时间和季节的不同呈现出不同的色彩、质地等。比如我国的落叶植物,春天鲜花盛开,夏季浓荫葱郁,秋天金色斑斓,冬季枝桠冬态。植物分为乔木、灌木、藤本、地被、草本。在风景园林设计中,要熟知植物万变不离其宗的特点,熟知植物的外形、质地、色彩、季相特征、地域性、生态习性等,避免园路划分出来后只会填充式种植。

(1) 植物基本尺度

类型	高度(m)	与人体高度	作用
草本	<0.15	踝高	底面
地被	<0.3	踝膝之间	丰富底面
低灌	0.4~0.5	膝高	组织人流
中灌	0.9	腰高	分割空间
高灌	1.5~1.8	视线高	围合感
小乔	1.8~5	人高	全封闭
大乔	5~20	树高	上部为围合空间,下部为开敞空间

(2) 林缘线与林冠线

林缘线更多是在平面布局图当中应用,是植物空间划分的重要手段。林冠线主要是立面图、剖面图中的绘制内容。两者往往相辅相成,平面图和立面图往往要二者合一考虑,注重一致性和相互对应的关系。

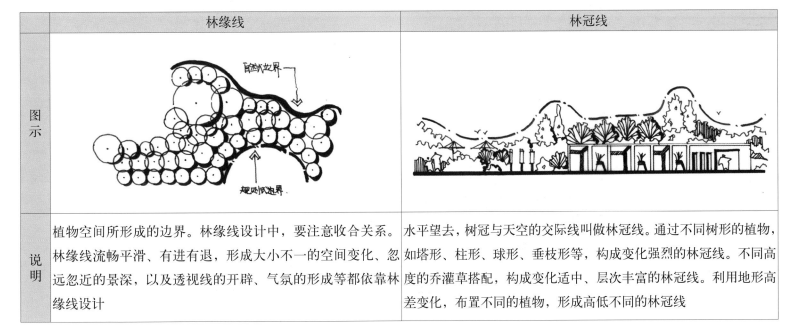

	林缘线	林冠线
说明	植物空间所形成的边界。林缘线设计中,要注意收合关系。林缘线流畅平滑、有进有退,形成大小不一的空间变化、忽远忽近的景深,以及透视线的开辟、气氛的形成等都依靠林缘线设计	水平望去,树冠与天空的交际线叫做林冠线。通过不同树形的植物,如塔形、柱形、球形、垂枝形等,构成变化强烈的林冠线。不同高度的乔灌草搭配,构成变化适中、层次丰富的林冠线。利用地形高差变化,布置不同的植物,形成高低不同的林冠线

2. 植物组织方式

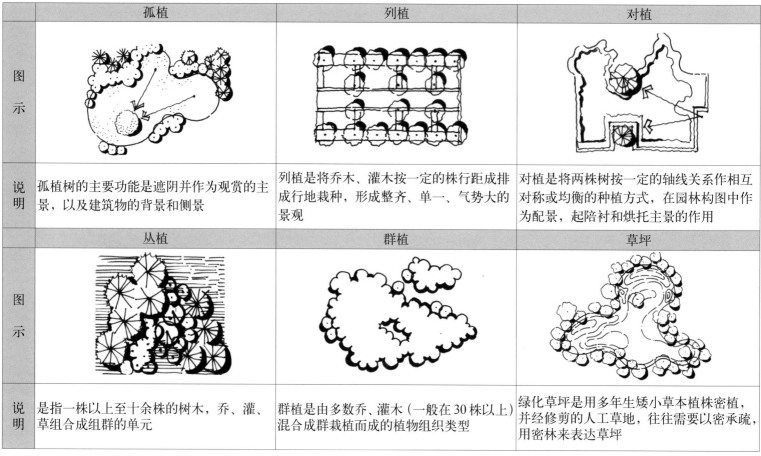

种植方式体现：

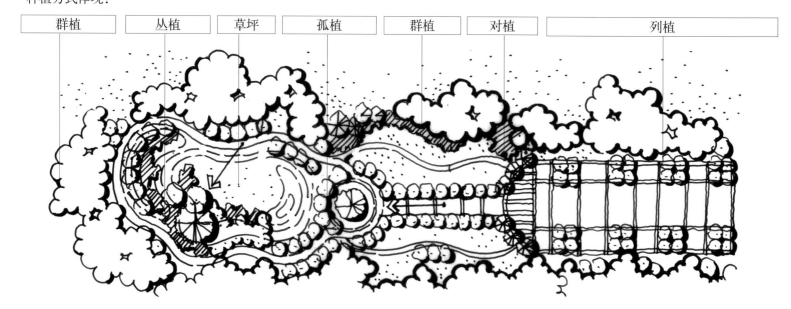

3. 植物围合空间

在种植设计中，要充分利用植物塑造空间，了解每一个植物界定空间的尺度关系，力求带给人们好的心理感受，以及正确的视线引导。设计时做到意在笔先，应当明确植物空间的差异化构建，常见的有开敞空间、半开敞空间、覆盖空间、封闭空间和垂直空间等，不可漫无目的地布局植物。植物空间是指由地面草本、地被、垂直面灌木、乔木，以及顶平面、林下空间、藤本植物共同或单独形成的具有一定范围界限的场所，与其他要素共同起到围合暗示性的作用。

植物空间类型：

	平面图	立面图	特征
开敞空间			用草本、地被、低矮灌木作为空间的界定，这种空间无隐私性，开敞外向
半开敞空间			这种空间的外向性相比开敞空间而言，其开敞程度较小，通常是一侧或多侧受到灌木、乔木的遮挡。有一定的私密性，另一侧较为开敞
覆盖空间			利用高干树种较浓密的冠幅，构成顶部覆盖，而四周开敞的空间。这种林下空间在夏季时具有遮阴效果，冬季落叶后显得开阔明亮
封闭空间			这种空间是在覆盖空间的基础上，四周均被植物所遮挡封闭，无方向性
垂直空间			运用高而细的植物构成立面垂直封闭但顶面开敞的空间，有强烈的引导性。水平距离越小，垂直距离越高，则垂直空间带来的引导性越强

4. 植物作用

植物在景观中是必不可少的一部分，除了植物本身的观赏特性对美化空间起到举足轻重的作用外，植物在实际的运用中还有多元功能作用。植物可以用来遮挡视线、营造私密空间、改善局部小环境及避免日晒等。

（1）遮挡视线

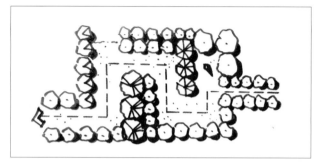

遮挡景观中的一些不可避免的不利因素，比如通风井、人防出入口、卫生间、杂物室、垃圾处理站等。植物可以将不利因素隔离、遮挡。

（2）营造私密性空间

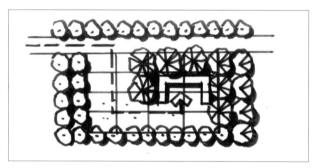

植物可以分割空间，营造私密环境，避免行人的穿行，并对视线形成阻隔，保证空间独立性的同时，创造舒适宜人的室外环境。

（3）改善局部小环境

特殊植物的选择，可以有效缓解机动车带来的环境污染。不仅仅是对空气，对视觉、噪声等不利的因素都可以通过植物得到适度控制。

（4）避免日晒

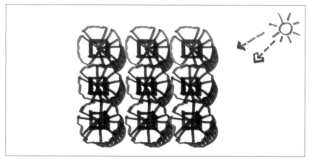

炎热的夏天，使得活动人群急需遮阴避晒的环境，而植物的阴凉作用优于多数构筑物。这也是植物功能最常见的应用。

3.1.4 建筑

建筑在园林景观空间中是指拥有一定功能设施及重要视觉价值的构筑物。园林设计中应注重建筑外环境的特点，结合种植、游憩、自身功能于一体，打造舒适的活动空间。

1. 园林单体建筑

类型	规模（m²）	总平形态			说明
卫生间	40~150				面积大于10hm²的公园，应按游人容量的2%设置卫生间蹲位，小于10hm²按游人容量的1.5%设置，卫生间的服务半径不宜超过250m
管理房	50~100				满足对公园进行管理的需要，所建设的公共设施，一般用来存储清扫工具、消防设施，或者满足看园人的住宿问题
小卖部	30~100				以移动或非移动的形式出现，要设置一定的外摆区，明确实际经营面积，配合景观元素设计
茶室	200~400				茶室应该远离污染源，位于方便顾客到达处，同时避免交通干扰，并且需要结合周边自然环境进行设计
餐厅	100~500				餐饮服务设施建设的目的是为游人提供餐饮服务，建筑规模及容量要与游人容量相适应

2. 建筑组合模式

人们对于生活各方面需求存在差异化，建筑的功能也因此多样而复杂。在任何一个设计中，必须首先明确建筑的功能需求，依据不同类别建筑对环境的需求来选择空间布局，配置不同的建筑外部环境来适应建筑的空间延伸。

类型	规模（m²）	总平形态	说明
单边型	>1000		适合沿街、滨水、滨江的商业步道
院落型	/		适合创造出安静、安全、安心的庭院围合空间
风车型	200~400		适合现代组团形式的建筑布局
自由型	/		依据整体风格形式，定义相适应的建筑形态

3. 建筑组合原则

建筑作为重要的功能设施和视觉要素，是风景园林设计中的重要组成部分。在建筑组合时应考虑序列、呼应、进退及群组基本排布原则，避免无序的建筑排列组合，无序排列往往会影响方案设计的整体性。

（1）序列

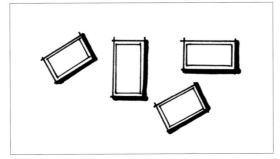

无联系的布置建筑，使整体布局杂乱、无序列感。

（2）呼应

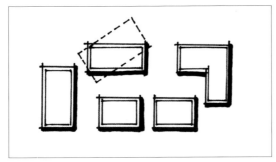

建筑的布置要考虑边线咬合、错位、垂直、对齐等构型手法。

（3）进退

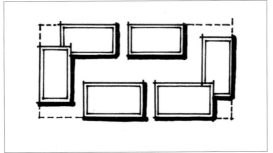

从组群整体的空间形态，来考虑建筑间进退的关系，保证差异性与整体性的共存。

（4）群组

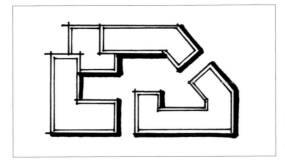

建筑群的组合考虑的不仅仅是建筑本身形成的"图"关系，也要考虑建筑界定的"底"关系。

3.1.5 铺装

1. 铺装类型

铺装：是指通过硬质材料对三维空间的底界面进行铺砌装饰，被称为"二次轮廓线"，更强调底界面的空间划分。常见的铺装形态组合包含了铺装色彩、质感、形式等要素，所表现出的韵律、动感可以强化方案特征。常见的铺装材料有：石材、砖、木材、砾石、混凝土、塑胶等。不同类型的铺装除了为人们提供了恒定的休息、活动场地，同时诠释了地面景观的特色，以烘托场地空间的特征与个性。比如，耐用性强、纹理大气的石材多用于大尺度集散空间，特色化铺装则更适用于个性强的主题空间。

2. 铺装表达方式

铺装的表达与其作用存在关联，可以通过一定序列化的铺装表达引导性，通过差异的手法表达特征功能，抑或者通过宽窄变化、纹样变化来暗示空间变化。

类型	图示	说明
轴线铺装	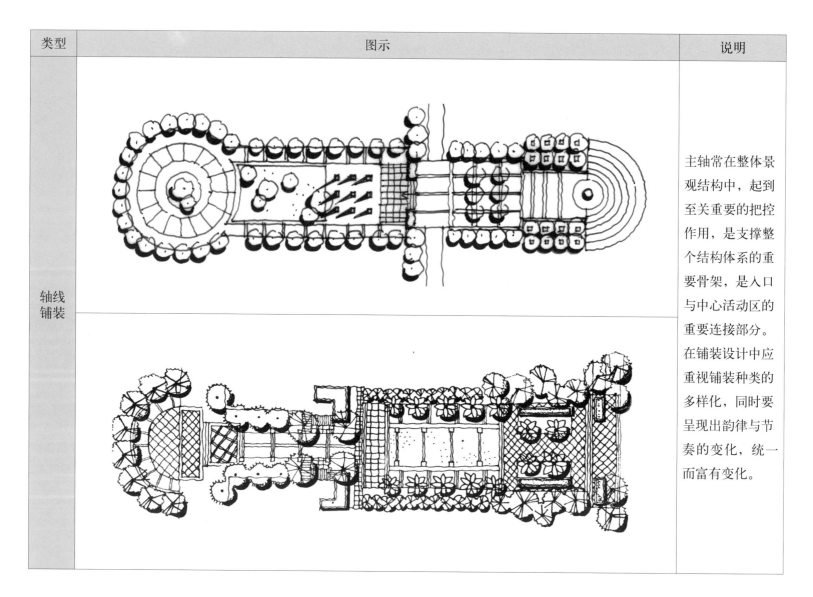	主轴常在整体景观结构中，起到至关重要的把控作用，是支撑整个结构体系的重要骨架，是入口与中心活动区的重要连接部分。在铺装设计中应重视铺装种类的多样化，同时要呈现出韵律与节奏的变化，统一而富有变化。

类型	图示		说明
步道	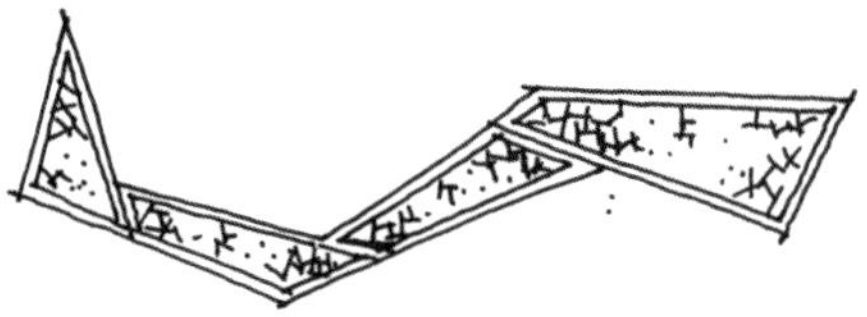	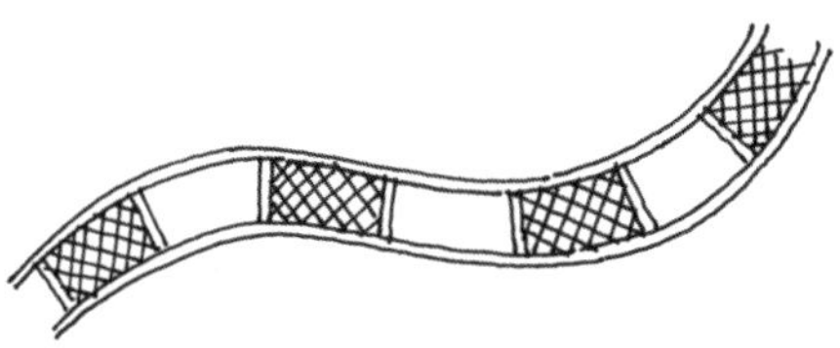	以规格较小的砖组合，或以特殊纹理的材质表达为主，尺度上比较适宜，形式统一、简约
入口	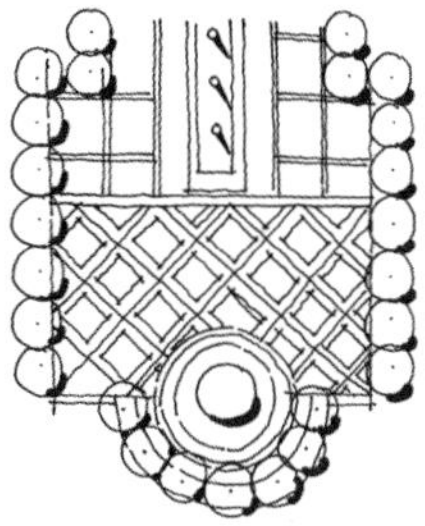	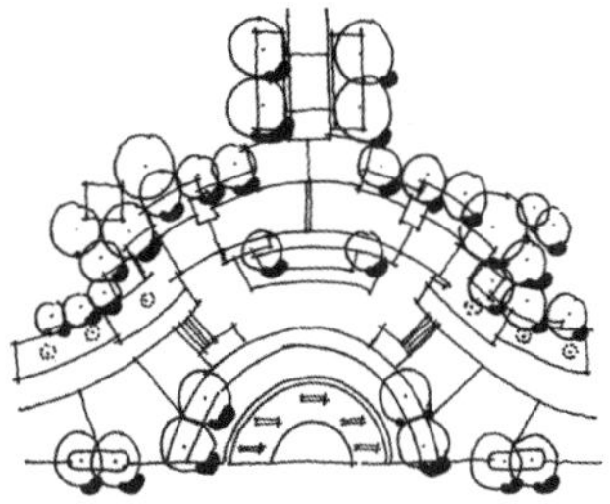	重要入口的铺装要强调入口的标示性，材料主要选用花岗岩，可以以多种组合形式相互穿插。铺装需呼应整体形态
广场	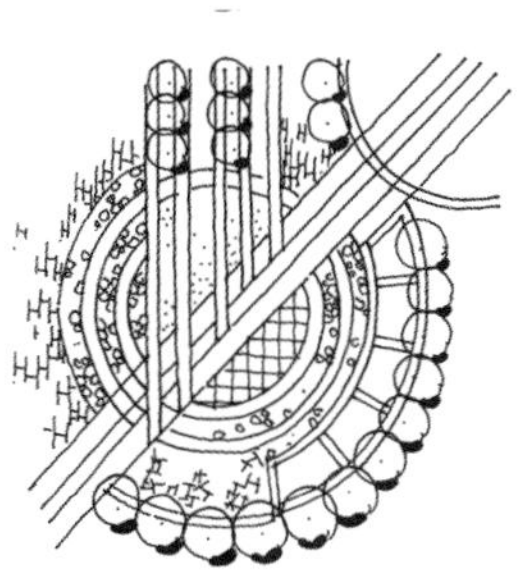	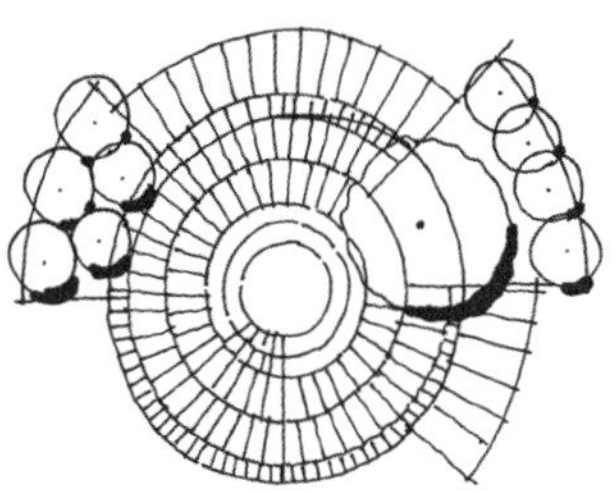	广场以花岗岩石材或广场砖呈集中式组合，多以"回"字形或发散式的形式铺装，强调中心感、聚集感
休憩场所	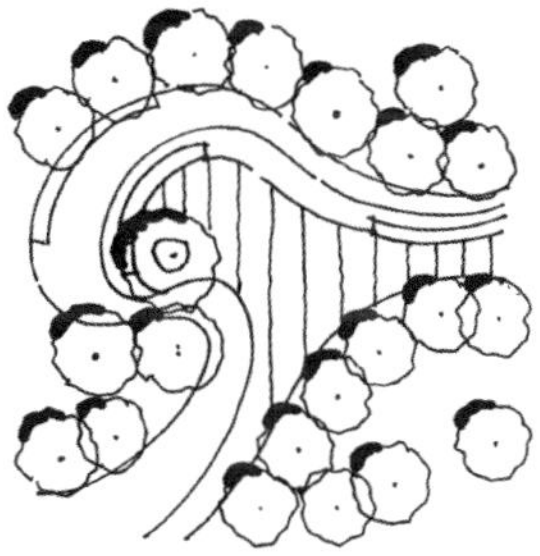		休憩场所选择有机材质居多。诸如木材的质感给人柔和、亲切的体验，所以多用于休憩场所或停留空间
特殊场地	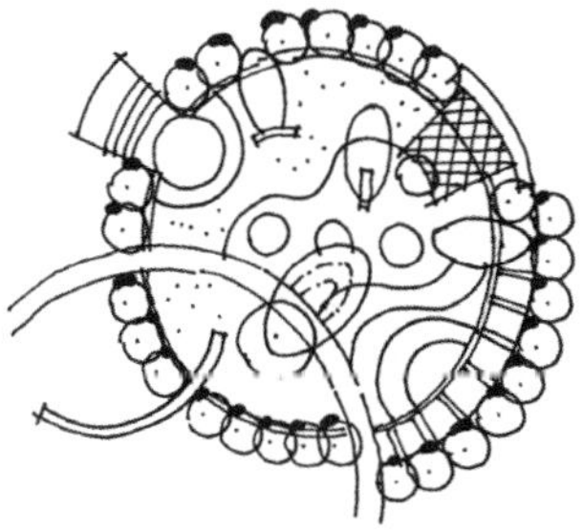	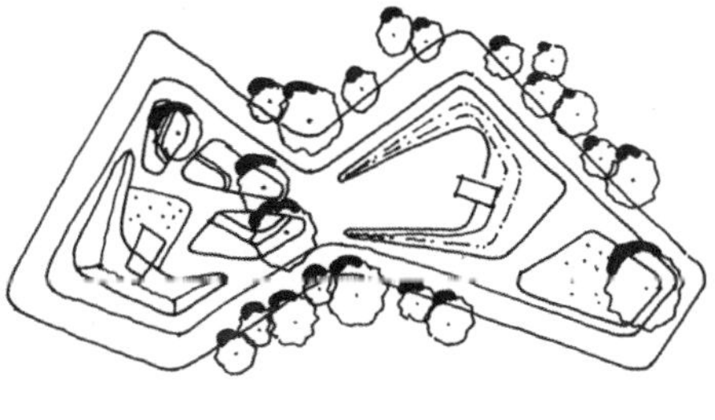	特殊场地多为特殊人群设置，如儿童活动场地、成人运动场、滑板场等。塑胶材料有一定的安全性，另外有颜色丰富、形态易塑造等特点

第三章 六类设计要素

图解设计：风景园林快速设计手册 69

3. 铺装作用

在进行铺装设计时应对其在平面造型和透视效果上加以研究。铺装在设计中起到的作用有：场所的统一与整合、空间的分割与变化、视线的引导与限定、场所的主题与趣味等。

（1）场所的统一与整合

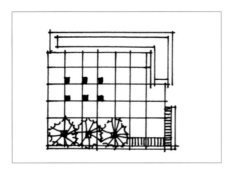

可以通过某一种统一的设计语言（直线、曲线、折线等）在铺装设计中主导形态，把空间中相关联的其他要素（座椅、树池、植物、水体、微地形等）整合统一起来，形成包含、对齐、穿插、延伸等关系的视觉联系，确保整个场所设计统一化。而材料过多或图案过于烦琐，则易造成杂乱无章的视觉感。

（2）空间的分割与变化

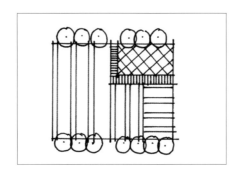

铺装根据场所功能的不同，通过材料或样式的变化，可以分割成不同空间，在使用心理上产生差异暗示。从一种特定的铺装领域跨入另一种不同材料或不同形式的铺装场地时，虽然无任何竖向上的变化，但也会不经意地感受到空间的变化。

（3）视线的引导与限定

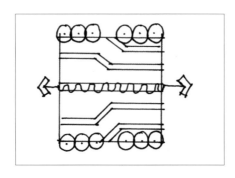

铺装暗示着空间行进的方向性，当铺装与视线垂直并连续形成一条带状形体时，铺装纹样便有了强烈的方向性，可以起到组织路线、引导游人的作用。当铺装与视线方向一致时，便有了强烈的视线扩张作用，强化了场所的空间引导作用。这类铺装应用常见于大型广场。而铺装采用无方向性、稳定性或聚心性的形态，则会呈现出静态的停留关系，常用于道路的交汇处、休息场所。

（4）场所的主题与趣味

运用隐喻、象征的手法来引发人们视觉上、心理上的联想和回忆。使其产生认同感和亲切感，是铺装构形设计中创造个性特色常用的手法。在景观铺装的构形设计中还经常运用文字、符号、图案等焦点性创意进行细部设计，以突出空间的个性特色。

4. 铺装设计原则

铺装的设计应遵循一定的空间法则,这类空间法则的目的是为了优化铺装的差异化作用,常见的法则有相互对齐、元素统一、比例协调等。

(1) 相互对齐

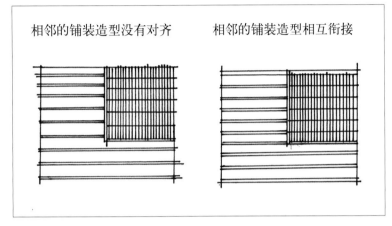

铺装地面有统一协调的作用,铺装材料这一作用,是利用其充当与其他设计要素和空间相关联的公共因素来实现的。在统一场地或相邻场地中,不同的铺装形式间应有延续性,使空间成为一个整体。

(2) 元素统一

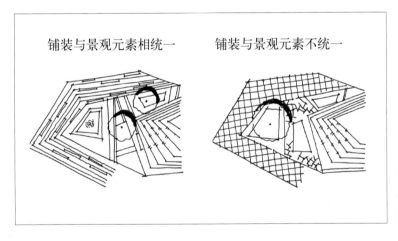

铺装还具有构成和增强空间个性的作用。用于设计中的铺装材料及其图案和边缘轮廓,都能对所处空间产生巨大影响。

(3) 比例协调

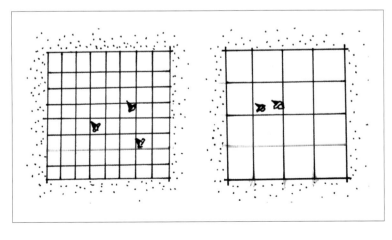

不同尺度的铺装能取得不一样的空间效果。铺装的分隔大小、间距都能影响外部空间的比例。尺寸较大的铺装分隔会使空间产生一种宽敞感,常用于广场。而形体较小、分隔紧凑的铺装形式,则会使空间具有亲切感和私密感。如面积较小的、安静的休憩空间、私家庭院等私密性场所。

3.1.6 道路

道路：道路是景观中的骨架，是形成一个景观的主要结构要素。道路将景观划分成不同的空间，实现功能活动的联系，形成空间的基本组织构架。

1. 城市道路

城市道路作为风景园林设计的外部环境，虽不在设计范畴内，但很大程度地在视线、交通、噪声、可达性等方面影响着场地设计。因此，作为设计的基础储备知识，对城市道路的基本类型必须有清晰的认识。城市道路体系中的车行道路系统，一般以快速路、主干路、次干路、支路四个等级出现在题目中的任务书和现状基址图中。

类型	时速（km/h）	车道数量（个）	道路总宽（m）	转弯半径（m）	图示示意
快速路	80	在特大城市或大城市中设置，用中央分隔带将上、下行车辆分开，供汽车专用的快速干道。主要联系市区内主要区域、主要的近郊区，通行能力强	35～45	/	
主干路	60	主干路是联系城市的主要骨架，担任城市主要交通任务的干道。主干道沿线不宜设置过多的行人、车辆入口	45～55	20～30	
次干路	40	辅助主干道联系各个区域和集散地，分担主干道的交通负荷。次干道允许两侧设置吸引人流的公共场所，并可设置停车场	30～50	15～20	
支路	30	连接次干道与街坊道路，为解决局部地区的交通而设置，以服务功能为主。部分主要支路设有公共交通线路或自行车专用道	15～30	10～20	

2. 内部道路

满足园区内部人们游览步行所需要的道路，以体系化、层次化的交流逻辑组织。

类型		特征	图示
主园路		主园路是景观中的游览主轴线，全程无障碍处理，避免出现锐角，不宜过分集中，也不宜与场地边缘过近。首尾应当相连形成流畅环状，并串联每一个功能区与主出入口。还要满足消防、急救等必要车辆通行的需求。主要作用更偏重交通	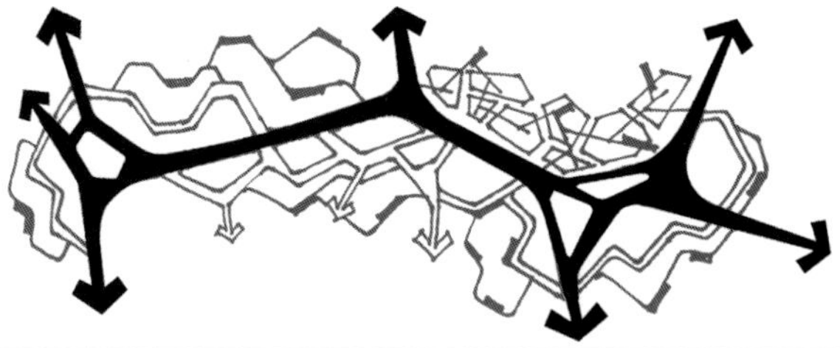
次园路		次园路是主园路分出的"枝干"，串联每个功能区的不同的景点（广场、建筑）。次园路是主园路的辅助道路，其作用以浏览、观赏为主。"此路不通"是园路设计最忌讳的，切记避免出现回头路	
小园路		可由观赏功能的要求自由布置，是分布较为广泛、联系特殊节点、私密空间的道路，这类园路主要是供人们散步休闲的道路。在遇到通往孤岛、山顶等限制性较强的路段时，可以设计原路返回	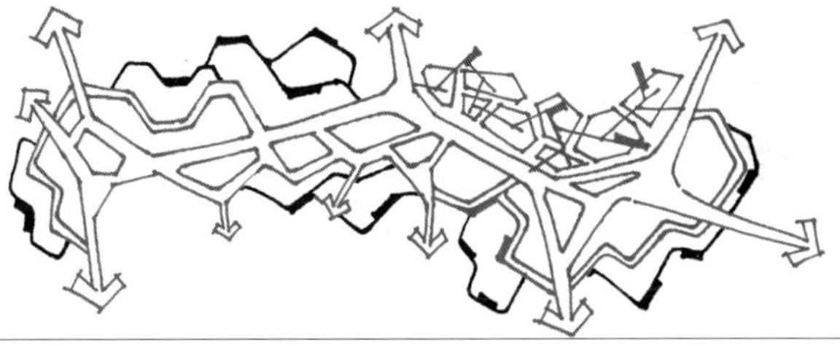
特色园路	木栈道	以观光体验为主要目的的木质道路，通常作为连接湿地、岛屿的景观构筑。林中穿行步道、特色高架、登山道等，均可以木栈道的形式存在	
	慢跑道自行车道	以健身、骑行为目的特色园路，通常以塑胶跑道为主。可与地形结合，与其他园路并线或独立设置。	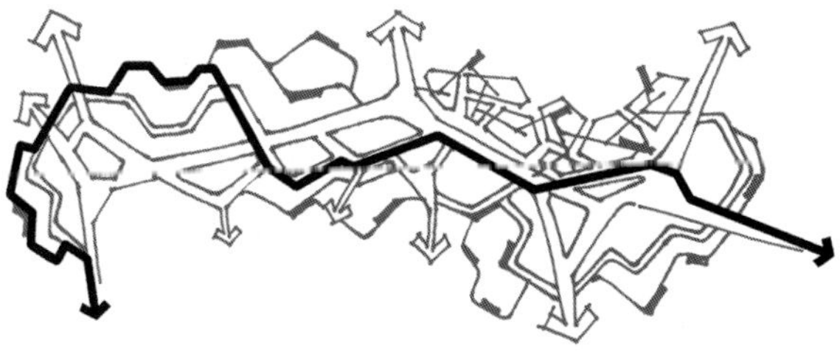

3. 道路功能

道路的功能主要有以下的三大类：组织与联系、游览与引导、停留与休憩，这些功能不受形式限制。

(1) 组织与联系

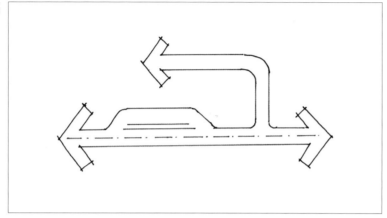

景观道路往往在一定景观区域内起到客、货流运输的职能，一方面承担着游客的集散、疏导等客流运输的职能，另一方面又起到满足景观绿化和安全、消防、服务设施等园务工作的货流运输职能。

(2) 游览与引导

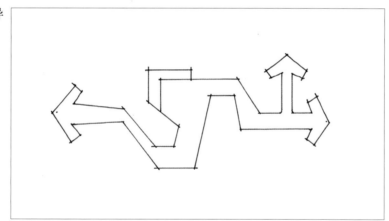

作为线型空间，景观道路承担着组织景观单元和游览序列，引导游人游览的作用。

(3) 停留与休憩

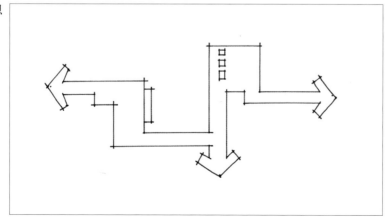

景观道路在提供通过性路径的同时，承担着为游客提供停留、休憩的功能。

4. 道路布局结构

道路的布局结构与场地形状、场地内园路障碍物的形态位置息息相关，狭长的场地多见带状，方正规则的场地多见环路。道路结构必须因地制宜，不能照搬硬套。

类型	图示	说明
环状结构		环状结构是一种常用的景观道路的结构布局形式，一般表现为由主路形成闭合的环状，次路与支路从主路上分出，相互衔接、穿插和闭合，构成依托主环路的辅助环路，具有互通互连，有效联系各景区、景点，少有尽端路的优点
带状结构		在带状景观区域，如滨河绿地、道路绿地等处，由于受用场地进深的限制，常常会采用带状的景观道路布局形式，主要表现为主路呈带状布局，次路和支路与主路相互连接，可形成局部环状。该结构具有主路始端与终端各在一方，无法闭合成环的缺点
枝状结构		以山谷与河谷地形为主的公园，由于受地形限制，主路一般布置于地形较低、坡度相对平缓的主干谷底，而位于两侧的景点需要以次路或支路与主路相连接，次路与支路往往会以尽端道路的方式与主路相连，于是主路、次路和支路在平面形式上便如同具有多个分枝的树枝一样，形成枝状的道路结构形式。从游览性来讲，该结构具有走回头路高的缺点

5. 道路选线原则

如果需要在坡度更大的地面上下行时，为了减小道路的坡度，道路应斜向于等高线，而非垂直于等高线。如果穿行山脊地形，最好的穿越方法是从"鞍部"穿过。

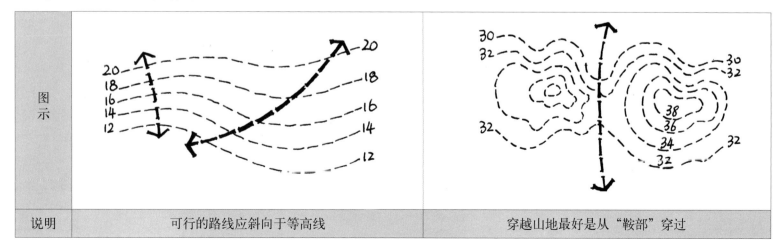

图示		
说明	可行的路线应斜向于等高线	穿越山地最好是从"鞍部"穿过

3.2 要素空间组合

风景园林快速设计的要素构成为以上的六大要素，而这些要素与要素之间的组合，以及各类要素在不同空间中扮演的不同角色，决定了这个空间的特质，这也是通过要素变化做出空间变化、方案差异的根本。

3.2.1 按自然要素组合类型

1. 核心组合要素：地形—植物—建筑

方案解析：将建筑与自然场地紧密结合，通过造型堆坡、植物营造等手法，打造不同的开合空间。

2. 核心组合要素：地形—植物

方案解析：地形与植物群落的结合，地形高处作开敞处理。

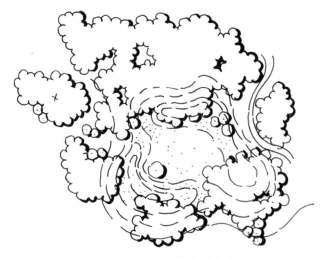

图 3-5 软质要素组合

3. 核心组合要素：地形—植物—建筑

方案解析：在一个空间中建筑中廊、阁、亭，与地形、植物进行穿插组合，形成有机的整体。

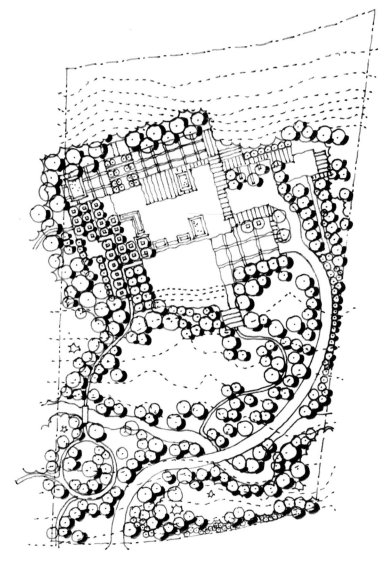

图 3-4 庭院设计方案（改绘）

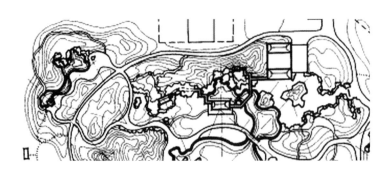

图 3-6 某公园方案 （引用）

4. 核心组合要素：地形—水体

方案解析：景观格局为三湖两岛一堤。围绕开敞水面环湖堆山，两山岛与主峰隔湖相望，同时将水面划分为三个层次，形成大小不一的丰富空间。

5. 核心组合要素：植物—水体—建筑

方案解析：呈现出多类要素的整体协调，对河道水景的充分利用，各类要素呈现出清楚的空间结构。植物通过群植围合出具有私密性的建筑院落空间，与水景相互融合，打造出静水庭院空间。

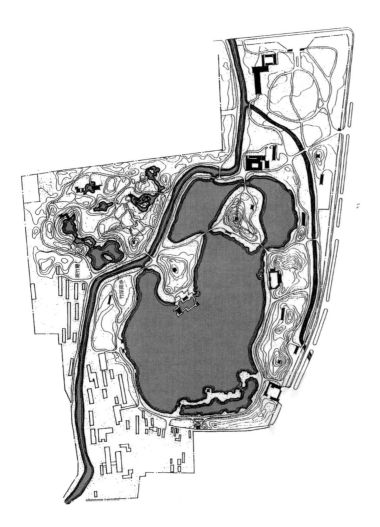

图 3-7 紫竹院公园平面图（引用）

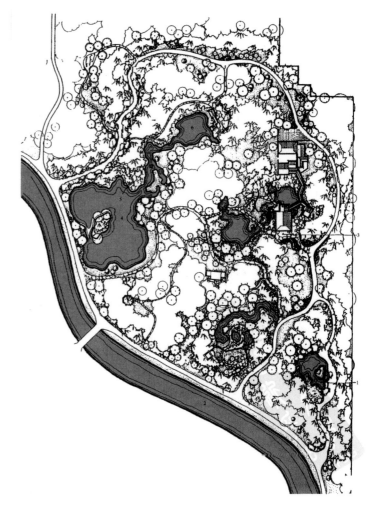

图 3-8 紫竹院公园筠石苑平面图（引用）

6. 核心组合要素：地形—水体

方案解析：山体坐北朝南，与南侧孤岛互为对景，在水体的处理上注重驳岸线的进退变化，注意岛屿体量上与形式上的变化，孤岛与半岛相结合，避免了雷同。

7. 核心组合要素：地形—水体—植物

方案解析：公园注重植物上的围合，保留几片大草坪，形成疏朗开阔的空间。山体坐北朝南，狭长状的水体空间形成南北向的虚轴，注重开合关系，避免了南北通透的空间轴线。

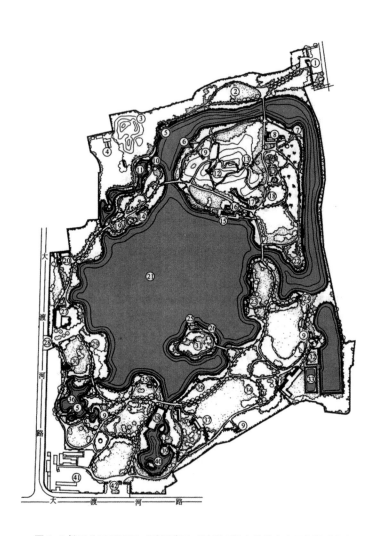

图 3-9 长风公园平面图（引用魏民《风景园林专业综合实习指导书》）

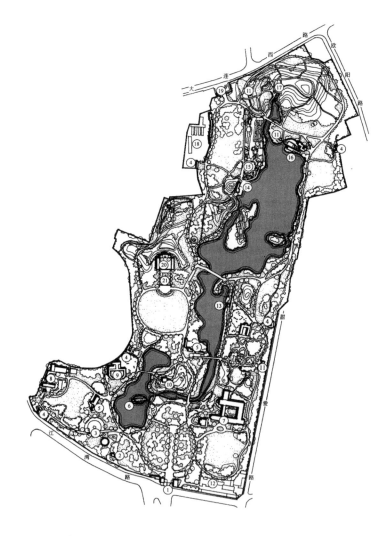

图 3-10 鲁迅公园平面图（引用魏民《风景园林专业综合实习指导书》）

3.2.2 按构成特征组合类型

1. 点状景观

点状景观是相对于整个环境而言的,其特点是景观空间的尺度较小且主体元素突出,易被人感知与把握。一般包括住宅的小花园、街头小绿地、小品、雕塑、十字路口和各种特色出入口。

（1）街边公共绿地

核心组合要素：植物—铺装

方案解析：根据不同的功能属性,围合出丰富的点状空间,注意空间边缘形态的关联性,注重散而整体。

（2）核心组合要素：道路—建筑—植物

方案解析：植物的布置要顺应道路的曲折关系,沿道路线型布置,注重视线的遮掩关系。建筑出入口处应设有特殊铺装。

图 3-11 临港滴水湖景观方案局部（改绘）

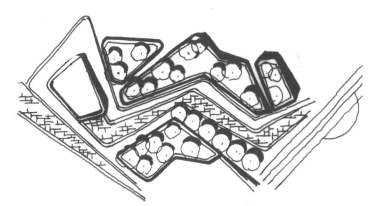

图 3-12 景观要素的组合方式（自绘）

2. 线状景观

线状景观又称带状景观,主要包括公园主轴线、商业步行街道、城市道路绿化、沿水岸的滨水休闲绿地等。设计时注重线状轴线本身的连续性,还需注重与周边,如城市路网、山水视线、用地性质之间的关联性。

（1）沿河带状绿地

核心组合要素：地形—道路—植物

方案解析：地势向水面逐步降低,可以通过植物、地形上的处理进行竖向上的无障碍化解,形成比较灵活、有机的线性植物造景与线性道路。中部轴线中的滨水广场用大量硬质材料打造较为开敞的广场空间,通过台地层层叠起,满足广场的亲水性。

图 3-13 SWA 长沙坪塘巴溪洲方案（改绘）

(2）滨水休闲公园

核心组合要素：地形—道路—建筑—植物

方案解析：河道从基地中间穿过，同时被城市道路切割成多块，基地趋于破碎化。考虑整体的统一性是方案的重点，尤其是带型空间更应该着重考虑，而水系、园路往往就成为了整体统筹的核心。

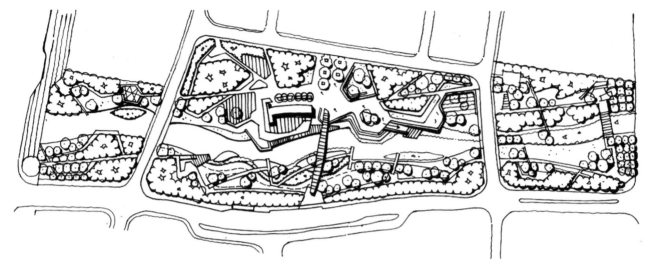

图 3-14 艺普得常思公园方案（改绘）

（3）滨水休闲公园

核心组合要素：水体—植物—铺装

方案解析：线性空间的设计在要素组织上，必须把控组合的开合节奏关系，如同音乐旋律，重复太多容易单调，变化太多容易散乱，下图的设计方案对于整体的空间节奏把控较好。

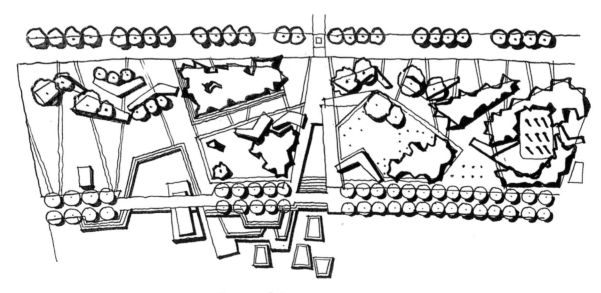

图 3-15 临港滴水湖景观平面图局部（改绘）

3. 面状景观

主要指尺度较大，空间形态较丰富的景观类型。从城市公园、广场到部分城区，甚至整个城市都可作为一个整体面状景观进行综合设计。

（1）湿地休闲公园

核心组合要素：地形—道路—建筑—植物

方案解析：大尺度城市公园的设计，在要素的运用上，往往更多地以水体、植物要素组合的开敞空间、功能空间、特殊空间为空间单元构建，以各类要素之于空间的作用来完善空间。控制空间尺度与层次的意义大于个体元素运用的考虑。

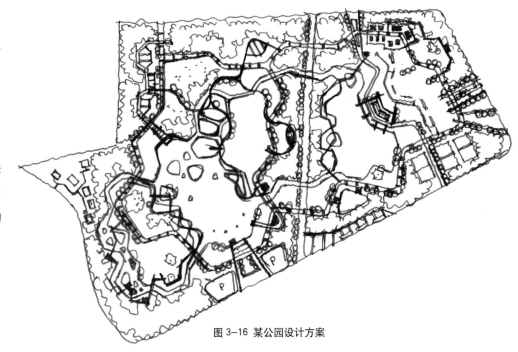

图 3-16 某公园设计方案

（2）综合性公园

核心组合要素：地形—道路—建筑—植物

方案解析：同为大尺度公园，以现状地形要素作为整体空间背景，保留大量的现状地形、植被要素，以明确的主次空间构想，通过水景、园路、细化的种植刻画空间，形成富有整体性与空间差异性的设计方案。

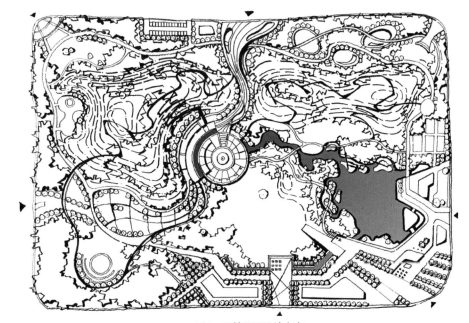

图 3-17 某公园设计方案

（3）综合性公园

核心组合要素：地形—道路—建筑—植物

方案解析：破碎化的城市开放空间式公园绿地，要素组合运用的方法和大尺度公园的方法相似。空间组合上应该更多地表达出地块的关联性，可以通过空间轴线、空间团块等手段，反映出地块关联的整体性。

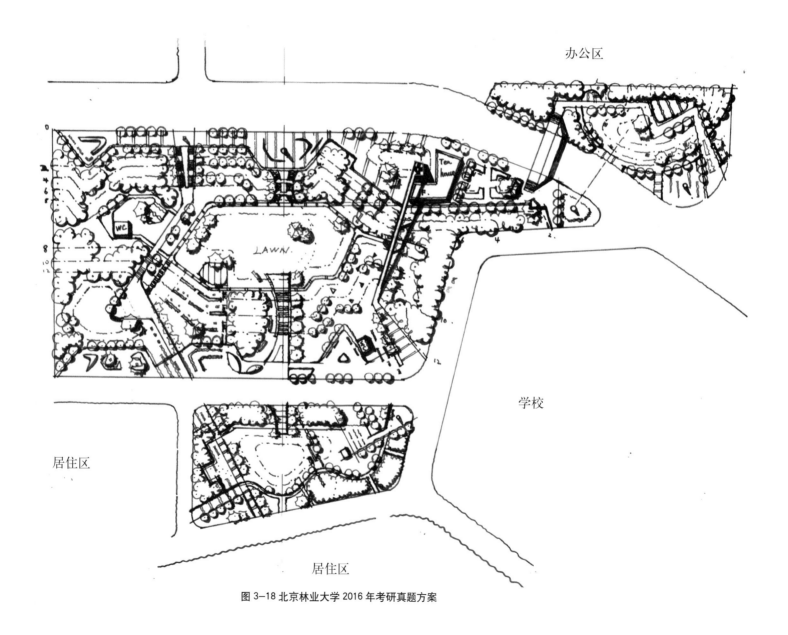

图 3-18 北京林业大学 2016 年考研真题方案

3.2.3 按空间属性组合类型

1. 公共性空间

一般开放性强,人们可以自由出入,周边有较完善的服务设施的空间,人们可以在其中进行各种休闲和娱乐活动,因此又被形象地称为"城市的客厅"。

(1) 城市开放空间

核心组合要素:道路—植物—建筑

方案解析:开放性空间道路与城市路网肌理取得对应关系,形成三条南北相通的轴线,与城市空间融为一体,V形道路贯穿东西。植物北部以开敞的草坪空间为主,南部以阵列密植树阵为主,空间上形成强烈的对比关系。

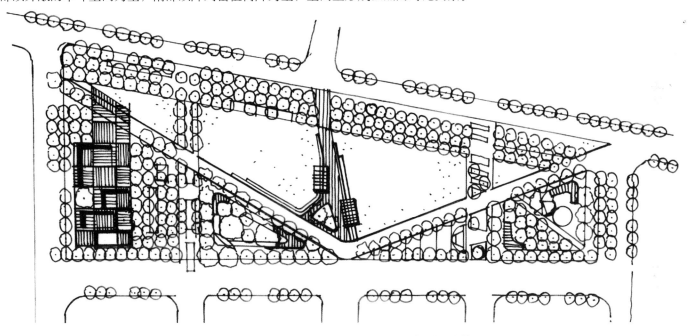

图 3-19 SASAKI 建筑设计事务所 某科技公园设计方案(改绘)

(2) 城市开放空间

核心组合要素:道路—水体—建筑—地形

方案解析:这个线性开放式公园作为适宜步行的绿色走廊连接分离的城市邻里,并将其与周边景观融为一体。一条特色步道贯穿东西,连接到每一个重要的景观节点。

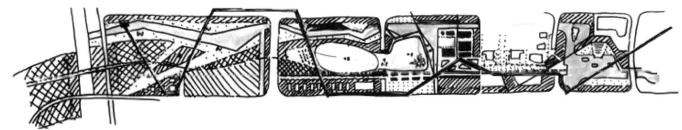

图 3-20 SASAKI 建筑设计事务所 上海嘉定紫气东来公园草图(引用)

2. 半公共性空间

有空间领域感，对空间的使用有一定的限定。半公共性空间作为公共空间与私密空间的中间层集，在大尺度场地中可以作为过渡层级，甚至在小尺度开放度较高的场地中可作为主要的使用空间存在。半公共性空间也具有极高的实用性。

（1）城市街头广场

核心组合要素：道路—铺装—植物

方案解析：周边被城市道路围合的绿地空间，设计时考虑对外的开放性，同时应对喧闹环境通过元素来界定，是内向兼具半开放性质的活动空间。

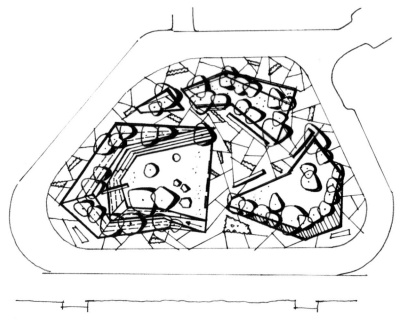

图 3-21 阿卡迪亚公园广场（改绘）

（2）城市街头绿地

核心组合要素：道路—铺装—植物

方案解析：差异化路径的设置，保证场地通达的同时兼顾一定的半开放性。尺度越小的空间，越需要从空间层次的体系来深化设计，而巧妙的设计可以避免方案过度复杂，同时提升空间层次。

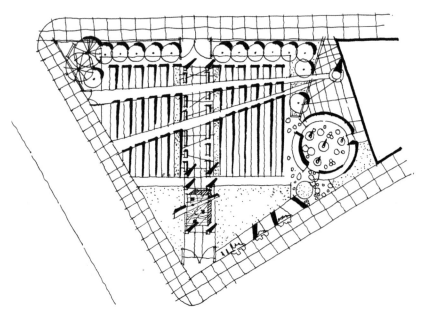

图 3-22 街头绿地方案（改绘）

3. 半私密性空间

领域感更强，尺度相对较小，围合感较强，人在其中对空间有一定的控制和支配能力。

（1）街头绿地一

核心组合要素：植物—地形—道路

方案解析：半私密空间为主的场地，在流线组织上呈现出"收紧"的状态，与附属绿地的设计特征相呼应。

（2）街头绿地二

核心组合要素：植物—地形—道路

方案解析：摩尔广场的设计整体上不能说是半私密空间，但是考量其使用的特征性与内向性，其功能更多地呈现出半私密空间的特性。

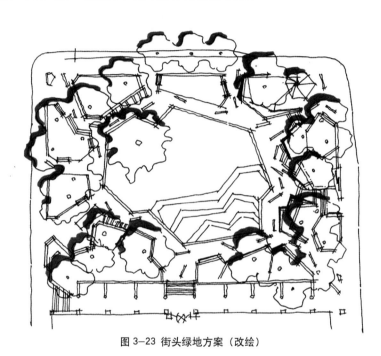

图 3-23 街头绿地方案（改绘）

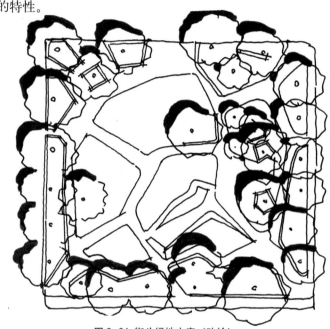

图 3-24 街头绿地方案（改绘）

（3）街头绿地三

核心组合要素：地形—植物—道路

方案解析：东西向长距离的竖向叠加要素与中部的开敞空间形成鲜明的对比，而使用功能空间隔离外部，面向开敞，也呈现出一点的半开放、半私密特性。

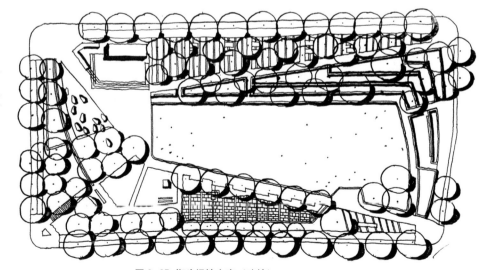

图 3-25 街头绿地方案（改绘）

4. 私密性空间

是四种空间中个体领域感最强、对外开放性最小的空间，一般多是围合感强、尺度小的空间，有时又是专门为特定人群服务的空间环境，如住宅庭院、公园里偏僻幽深的亭子等。

附属性绿地：

核心组合要素：水景—道路—植物

方案解析：以水面为核心的场地组织，水面既是场地的分离要素，也是私密空间的景观要素，这给方案设计要素的多元价值属性增加了可能，也是一个合理设计应该拥有的特征。

图 3-26 EDSA 水岸空间方案平面图（改绘）

4

十八条设计法则
EIGHTEEN DESIGN PRINCIPLES

风景园林快速设计的要素由地形、水体、植物、建筑、园路、铺装这六类常见的元素构成。而这些要素的构成方法，都是基于一定的要素组合的法则。在理解了六类要素的基础之上，本章总结出十八种要素构成的原则方法，并以和谐统一、富有变化的空间特色为法则的目标。

这十八条法则都是具有较高实践价值的类别，可以提醒设计者避免基本的错误。当然这些法则不是绝对的，只是引导设计者熟练掌握快速设计的方法。这也是设计基础的一个重要组成部分。

4.1 七条统一法则

1. 统一法则一：平行

图面中的相邻线条在关系上宜以和谐的形态出现，避免图纸中线条毫无理由出现太多方向。

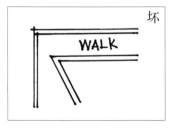  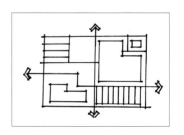 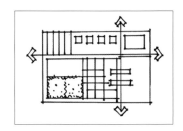

2. 统一法则二：垂直

垂直相交的两条线条，同样存在一种直接明了的互动关系，具有稳定的平衡感，配合平行线条易于组建空间骨架。

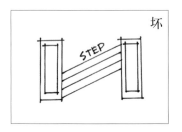 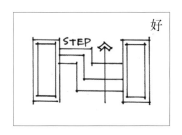 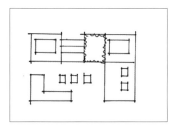 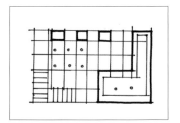

3. 统一法则三：收于一点

多条相邻线条共同收于一点具有更强的指向性及规律性，更易于聚焦视线，提高复杂图形中的可识别性。

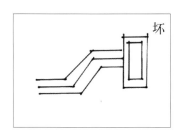 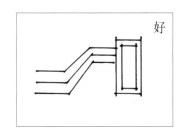 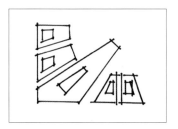 

4. 统一法则四：对齐

空间要素作为一个整体，可以使大量重复出现的空间要素形成序列，注重边界的对齐，在视觉上形成有组织、成体系的构图效果。

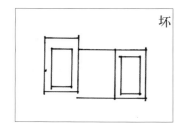 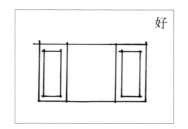 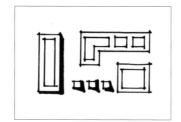 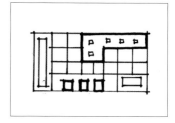

5. 统一法则五：复形

图面上形状不宜太多的原因是避免多种图形带来嘈杂混乱的图面效果，和谐的图面应当是有节奏的。所以重复图形是常用的一种法则。

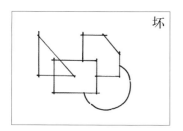 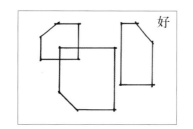 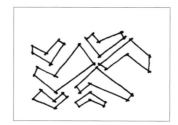 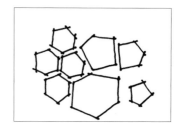

6. 统一法则六：比例

比例常用于相邻同质要素面积、长度、宽度、高度、数量上的规模关联。无论直线、曲线、折线，相邻段的比例都应接近。

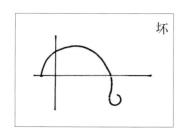 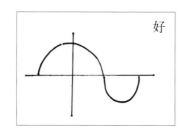 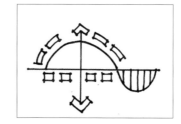 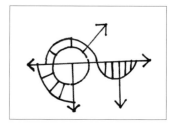

7. 统一法则七：顺畅

以混合曲线为例，相邻曲线宜相切，形成流畅连贯的视觉感受。

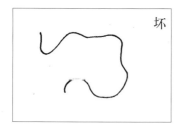  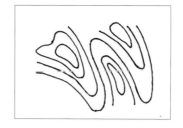 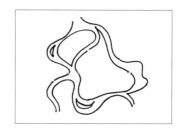

4.2 六条变化法则

1. 变化法则一：进退

当一组重复出现的相邻的平行线条数量多到产生单调效果时，需要将其中一个要素制造出垂直的空间关系，比如台阶式的花池。

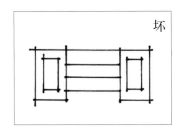 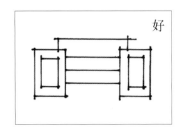 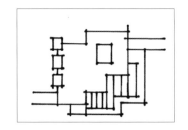 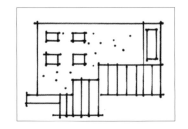

2. 变化法则二：宽窄

当非交通性的行进路径出现同一宽度的时候会削弱路径的趣味性。将路径边界进行变化可使得空间产生变化，带来更多的趣味性。

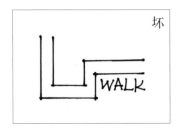 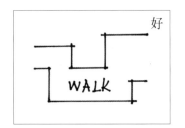 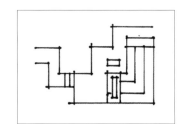 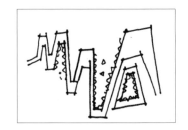

3. 变化法则三：高低

高度变化的各类空间要素在竖向上通过合理的组合，可以增加人视立面空间的主次关系，要素包括地形、台阶、喷泉、植物种植。

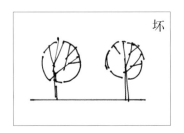 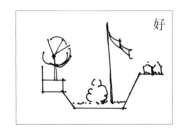 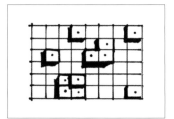 

4. 变化法则四：大小

图面上的形状不宜太多，而同样的图形可以通过大小的变化创造更多的丰富性，增加对比和韵律。

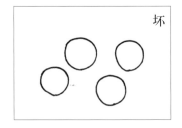 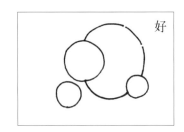 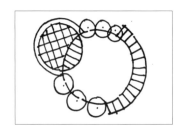 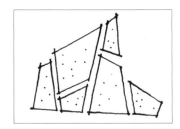

5. 变化法则五：虚实

两种本底要素不应完全均置平铺，如草坪与树林的关系，完全均布的疏林草坪缺乏活动应有的空间变化，进而导致空间散乱无序。

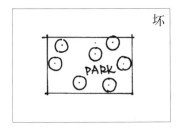 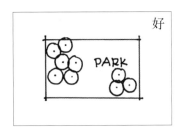 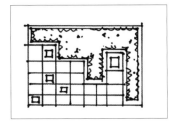 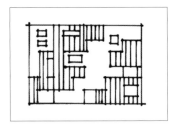

6. 变化法则六：不对称

对称的设计给人只设计了一半的感觉，虽然整体均衡，但过于严谨，只有在纪念性或仪式性空间中出现才较为合理。

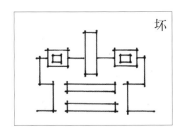 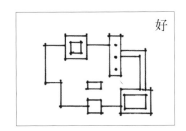 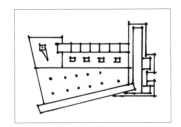 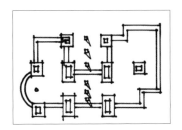

4.3 五条和谐法则

1. 和谐法则一：避免锐角

45°以下的锐角在视觉上给人不安全的感受，在工程上会造成不必要的浪费，在空间使用上存在死角空间。

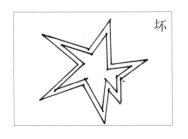 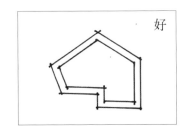 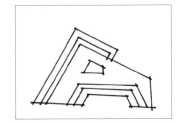 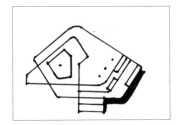

2. 和谐法则二：避免象形

设计形式应避免出现类生物或过于形象的形式，避免产生设计歧义。

 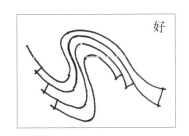 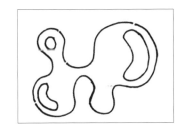 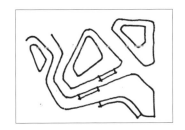

3. 和谐法则三：避免散乱

同质或非同质的要素如树木、铺装等在布局时应避免平均、无逻辑散布，否则会造成视觉密集、图面的混乱，使人无法捕获重点要素。

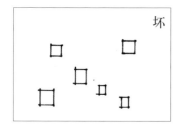 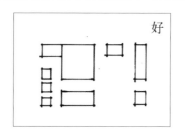 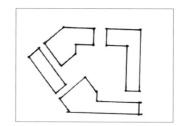 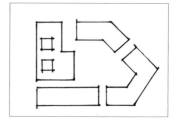

4. 和谐法则四：线性统领

设计中常用于空间统领的要素一般是轴线，轴线具有极强的指向性和控制性，周边的要素应与之协调，更好地突出重点。

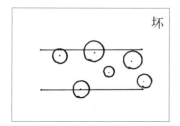 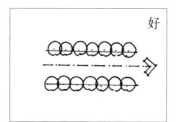 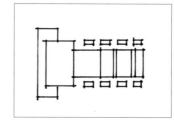 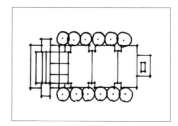

5. 和谐法则五：核心聚焦

核心区域的空间考虑应具有人群吸引力，通常用造型变化丰富的喷泉、雕塑等具有艺术性、特征性的元素来整合设计。

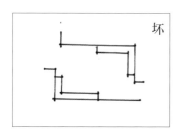 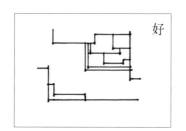 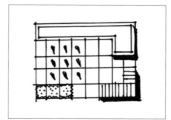 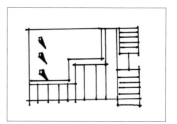

4.4 法则应用

4.4.1 垂直风格式

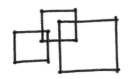

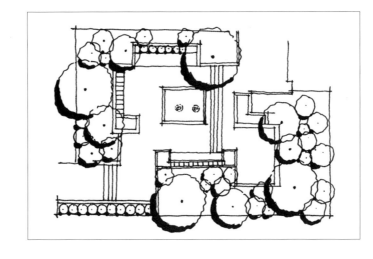

选定垂直风格式的设计方案，将平行、虚实等法则具体运用其中，简单法则的运用可以加强设计者对基本设计的把控力。

4.4.2 135°与垂直结合式

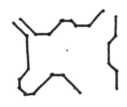

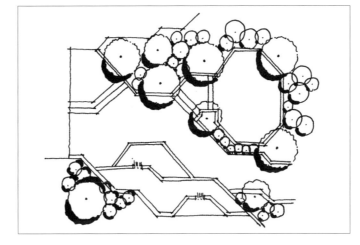

选定了135°与垂直结合的设计形式，在遵循十八条设计法则的基础上，还进一步加入了变化，以取得更有趣味的构图与空间关系。

4.4.3 圆形构图式

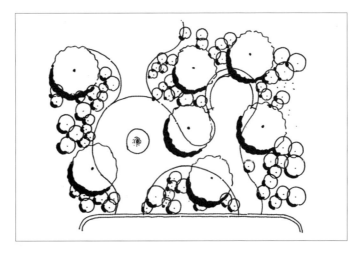

圆形构图的设计方案，以相对单纯的设计语言表现，它和垂直的法则类似，但采用的是在垂直法则的基础上，加入了大小、虚实等法则，可以形成更聚焦的方案。相对于方案一，它具有更强的图面控制力。

4.4.4 不规则式（一）

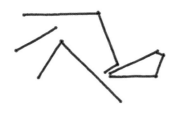

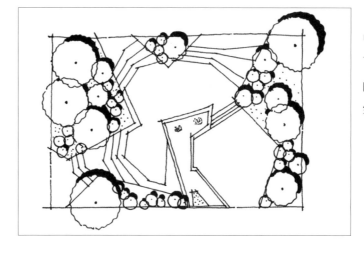

在不规则的设计方案中，更多地加入了变化。可以创造出前三类不曾有的设计感，但掌控不好也容易显得凌乱、拼凑。

4.4.5 不规则式（二）

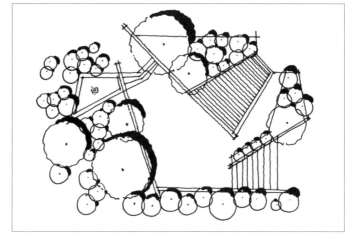

不规则设计方案，统一与冲突共存并取得平衡。关键的是，平衡后的设计同样可以通过隐藏的设计逻辑来体现方案的完整性。

4.4.6 整形放射式

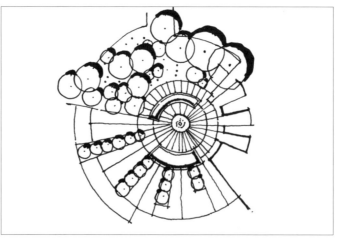

整形放射的方案更容易形成整体性，通过边界的进退和元素的穿插来体现丰富性。

5 一套设计思维
A SET OF DESIGN METHODS

5.1 设计价值观

5.1.1 生态优先

工业化时代带来的环境问题与反思，使得生态优先的理念无论在风景园林学、建筑学还是城市规划学中都得到了深刻体现。风景园林更是依托于自然环境，所以生态优先的观念应更深入骨髓。大到区域生态网络的整合，小到场地生态要素的保护、利用，快速设计的答卷能直接反映出设计者的基本价值判断是否符合学科的自然规律。

  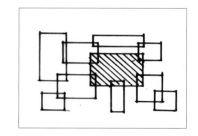

5.1.2 以人为本

人是城市空间、园林环境的使用者，图面上的构成只是视觉上的感知，设计的目的是让使用的人可以获得良好的体验。因此风景园林设计应当以人的感受、体验、喜好来组织空间、交通和风景园林要素，同时保证在安全、心理上给予正面的反映，充分考虑人需求的多元性与特征性。

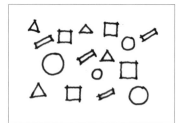 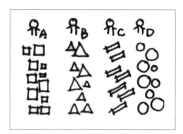 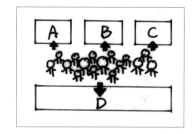

5.1.3 经济合理

设计本身是对资源的整合、统筹，经济合理性往往也是设计合理与否的重要评判因素。风景园林设计应遵循"土地经济、工程合理"的基本原则。设计中的随手一笔，带来的可能是大开大挖、大拆大建的不合理方案。避免设计的不切实际，是快速设计的基本要求。

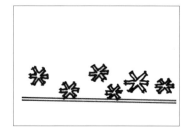 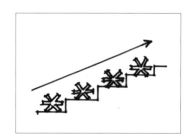 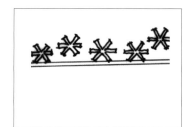

5.1.4 空间宜人

失之毫厘，差之千里。纸上谈兵带来的问题往往是缺乏对空间实际的认知，进而是对空间的把握失调。一条主路多宽，一个球场多大，开放空间要素组织，私密空间尺度大小，这些都是设计者要成竹于胸的内容，是做到空间宜人的基本知识储备。

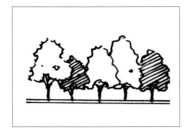
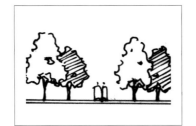

5.1.5 综合整体

风景园林绿地是人居环境的要素之一，是人居系统的重要组成部分，受到文化、人口、政治等方面的影响。设计不仅仅是满足自身的整体性，更应考虑与整个人居环境的整体性关系，从功能、流线、视觉、生态美方面统一绿地环境。更应该在红线范围外的空间来统筹设计，应该在更久的时间维度去构想未来的可能。

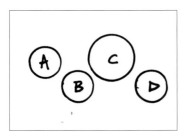
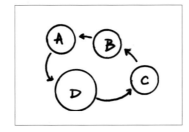
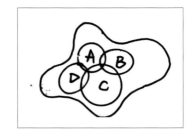

5.1.6 文化传承

在地文化的生成，蕴含地方的地理、差异的气候、人居的特征、自然的过程及过往的历史。这些是在地风景园林的特质的重要组成部分，规划设计应充分把握在地文化的基本特征，从抽象的格局、模式到具体的地形、遗存、地貌，充分体现地方文化的特征，使文脉、空间得到延续，使设计更好地融入场地。

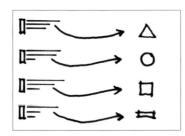
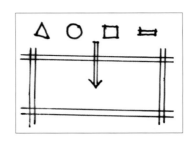
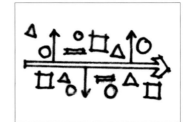

5.2 设计思维步骤

5.2.1 释疑：题意分析 + 问题研判

一个好的快题设计如同一篇好的命题作文，展开设计的根本依据是作文的题目与要求，因此对任务书的解读是重中之重。本节将明确如何提炼设计中的关键信息及如何做出关键问题的研判。

1. 解题信息细分

（1）文字信息。

（2）图纸信息。

文字信息与图纸信息相辅相成。文字信息通常以设计基本条件与设计要求为主。而图纸信息则包含区位、场地的各项要素，从中可以得出场地的特征。因此设计的文脉延续、与场地的关联程度以及适地性也从两种信息中得到体现。

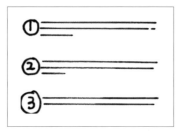 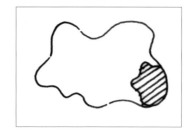 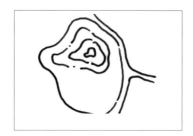

2. 三个关键要点

（1）抓重点：气候条件、区位条件、场地定位、文化特征、生态资源。

（2）明要求：场地要求、功能要求、停车要求、建筑要求、特殊要求。

（3）互关联：要求与场地要素之间的关联如何组织。

（4）明确工作对象：应试者在拿到题目的第一刻必须牢记快题的本身名目，是公园？是广场？还是开放空间或附属绿地？这些定性决定了常规的软硬比例、管理形式，以及出入口关系、人行道和车行道的差别与关系。

工作对象的性质存在一定普适性的规则，同时也存在与场地特征关系的个性规则，在统筹要点与要求的基础上，遵循共性与个性的规则，整体全面回答题目中的问题。

类别	定位（主体定位）	定性（软硬比、风格）	定量（主观客观相结合）
广场	休闲广场、集散广场、娱乐广场……	4：6，5：5……	树阵面积、儿童区面积……
公园	主题公园、市民公园、文化公园……	1：9，2：8，3：7……	主广场面积、老人区面积……
附属绿地	厂区、办公、居住……	开放、封闭……	展示区面积、活动区数量……
滨水空间	带形、防护、生态……	现代、未来、中式……	跑道长度、连通度……
……	……	……	……

表 5-1 设计思维步骤简析表

3. 主要问题研判

自然条件存在的问题：

（1）气候条件

通常任务书中给出的条件都是有根据的，来自对实际项目的改编。出于对实际项目的经验，命题老师往往也会将气候特征写入任务书中，而气候特征带来的方案格局或密度的细微差异往往是应试者容易忽略的内容。（考点：格局与气候、密度与气候、种植与气候、活动与气候）

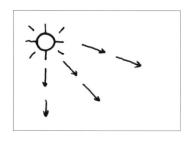  

（2）地形条件

场地内常有高低起伏、湖泊河流、地质灾害等条件，如何处理这些条件能反映一个应试者的基本水平。如何合理地利用地形，在无地形的情况下如何合理地挖池堆山、塑造空间地形也是应试者应着重考虑的方面。

（考点：有地形利用类，应关注题中出现的地形与水文信息，结合其中的重要因素合理设计无地形创造类，应结合题目要求，适度挖池堆山创造空间，塑造园林景观空间。）

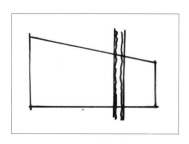 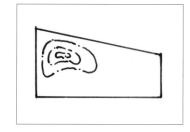 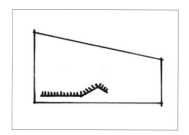

（3）现状要素

基地中除去地形，通常会有较多的现状要素，常见的有植被、建筑、道路等，植被亦有多种类型，如古树名木或成片树林；建筑则有历史遗产、工业建筑、服务建筑等；道路更为复杂，周边城市道路或公路，场地内道路是否保留及如何处理等问题，都会为解题带来难度。（考点：现状要素关联设计、建筑合理融入设计、道路交通内衔接自成体系。）

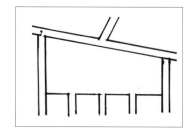 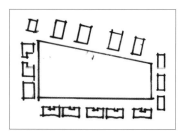 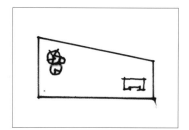

5.2.2 造局：设计理念＋设计原则

在理解题意的基础上，明确设计理念及原则是快题设计的根本依据。设计者切忌急于落入形态与空间，而应该在理念与原则的基础上整体把握布局与结构，然后才进入空间与要素的设计，最后进行细部的完善。

1. 以精准设计为设计理念

方案的相似性是因为受到场地的限制，而不同的设计理念则可以带来各有特色的方案。文化特色与生态特征的强化可以使方案在设计的基本价值取向上取得认同，对方案本身也是很大程度的提升。当然根据不同条件分析出来的题目，在设计主导思路的选择上，应呈现出更多的与场地契合的关系，应将生态、文化嵌入主线之中，时刻体现设计的精准。

2. 设计原则

（1）衔接题意，符合规范

题目意图性的要求是方案设计的根本，对于抽象的文字信息应通过图示将其转化为设计要点，并与各类规范衔接整合。

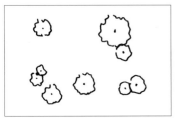
利用植被

梳理地形

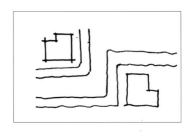
保留利用

（2）体现特征，呼应环境

场地特征是题目的难点所在，在竞争日益激烈的当下，单凭一个万能方案已经很难过关。依据场地特征，并对其加以提取和利用，将场地要素恰到好处地放进自己的设计中，是一个好方案应遵循的基本原则。

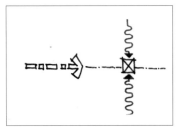
以物定局

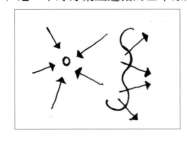
以视定形

以题定势

（3）主题清晰，角色入位

快题中设计类型、场地条件、尺度规模、设计主题等方面的不同都会带来设计上的差异，但是每一个题目、每一个场地都有其独一无二的特性。设计其实是万变不离其宗的。为提高本书的可读性，编者将分类型介绍各类快题的设计过程。

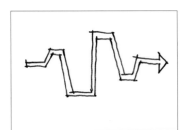
纪念主题

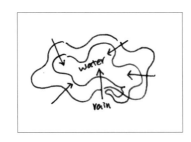
生态主题

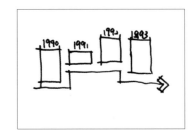
时间序列

5.2.3 构思：景观结构+功能流线

在正确价值观、合理设计理念与原则的基础上，设计需要进行具体的方案构思。而具体的方案构思则需要通过对题意的分析来确定设计的基础骨架——景观结构。功能布局、流线组织、空间意图是在泡泡图阶段就可以构思清楚的。景观结构的建构可以在对场地分析的基础上，通过泡泡图形式的绘制来实现。

学习泡泡图的绘制可以避免一上来就着手于细节而失去大局观的情况发生。初学者容易提笔就画得很细，但是始终无法画出完整方案，这是因为缺少了一个系统媒介——泡泡图。对泡泡图的理解不能过于狭隘，很多初学者认为泡泡图的功能仅仅是分析功能构想，但是泡泡图除单纯表达空间的功能外，还能表达各个功能空间的大小、功能之间的相互关系（如动静分区、特殊功能分区），更重要的是反映功能之间如何互动、如何串接。合理的泡泡图其实大有内涵，这也需要对各类空间的尺度、常规位置有一定的认识，知识积累得越多，泡泡图的价值越大。泡泡图是方案的抽象表达，除了可以帮助绘制者厘清思路、控制大局，还可以助其快速修改。改动功能无需把内容画出来，只需调整泡泡的大小、形状或位置即可，在提高设计效率和多方案比较方面，泡泡图的用途是非常巨大的。

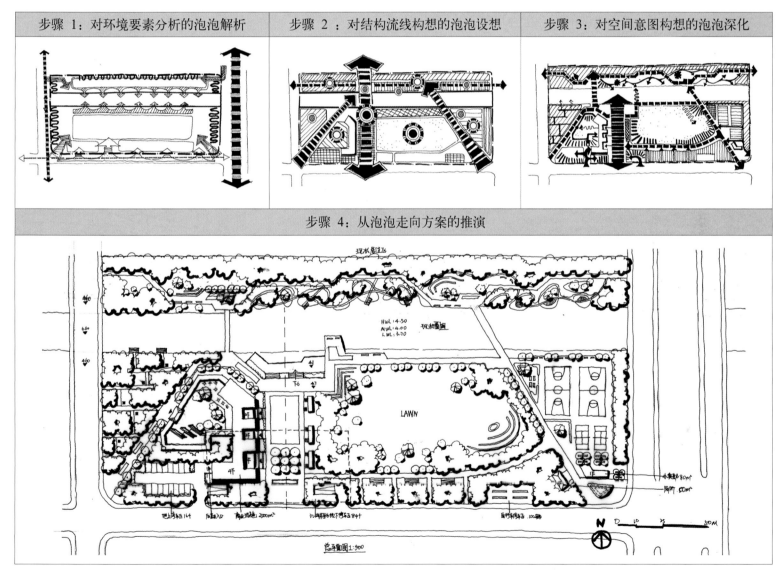

5.2.4 定法：设计语言 + 设计要素

在完成景观结构和功能分区的设计大骨架之后，需确定一种设计形式与设计语言，可以根据场地特征和自身喜好选择自由式、规则式或混合式等类型。景观设计一定要有整体意识，遵从从整体到局部的设计思路，景观结构就是从整体入手把控主要景观元素的关系。

1. 设计语言的类别

形式语言之于快速设计，如同华丽辞藻之于作文，适度运用可以提高吸引力，但前提是不违背故事本身的逻辑与结构，因此形式的运用也要遵循场地特征和核心的设计理念的演绎。过度地辞藻堆砌，就会引致文章故事性问题，甚至导致故事线的散乱无序，影响文章的前后呼应、逻辑陈述。一旦故事主线被打散的时候，不如舍弃华丽辞藻。在追求设计的形式时，同样不能违背设计的核心主旨，更不能替代设计本身，否则就失去了形式语言的意义。

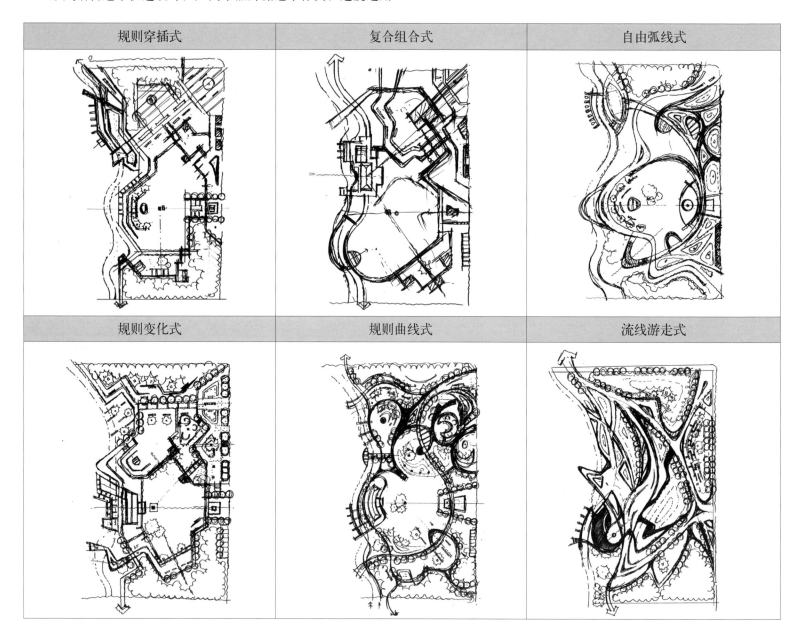

2. 设计要素的置入

明确整体结构与设计形式后，方案就进入了深度设计阶段。这一阶段需要以元素、材质、色彩等构成要素来完善具体的空间构想与功能内容。通常的设计要素包含了园路及广场铺装、园林建筑构筑、植物组景共构、竖向地形地物等。实现功能空间构想的手段有：各类要素根据空间特性规则的规模尺度控制，要素根据空间特性所呈现的数量、组合方式，等等。而各类空间则依照结构的规则来形成方案的整体形态关系。对于各类要素间的差异化构想，是实现设计方案丰富性的根本手段。

（1）广场铺装
组合雕塑、强化形象

（2）园路铺装
组合座椅、植物造景

（3）建筑布局
组合场地、结合码头

（4）植物造景
复合层次、立体组群

（5）地形要素
围合空间、构筑场所

5.2.5 成图：衔接要求 + 完善方案

设计方案完成后，需要依据基本的要求，注明图名、功能、比例、指北针等要素，同时对方案周边环境进行描绘，避免方案相关内容的不完善。涉及大量竖向设计的方案，竖向设计与标注也要同步完善，剖切符号、经济技术指标表、设计说明、标题、分析图等内容也需完善。一些具有特殊表达意图的图纸，需要完成 A1 或者多张 A3 成果的图纸。一切内容以衔接题目要求为第一要义，在此基础上可适度扩充、补充。

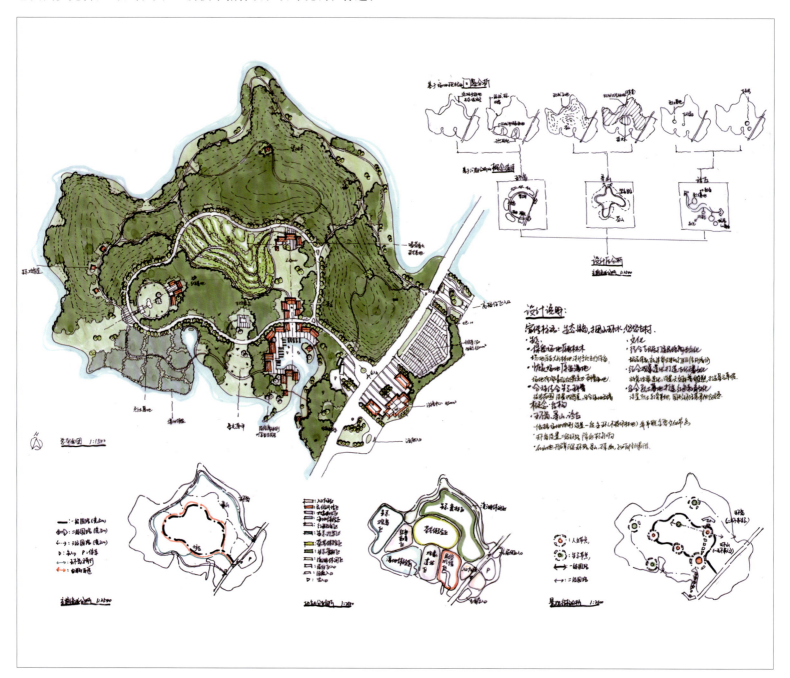

5.3 广场设计的思维

广场作为硬质化最高的风景园林空间，看起来设计简单，实际上却是较难厘清的一类场地。广场设计存在一定的复杂性和多样性，本小节旨在从方法的角度，以快速设计常见问题为解答对象，为读者提供一些具有一定普适性的原则方法、设计流程和设计思维。

5.3.1 设计原则

1. 快速通达，集散有序

广场通常存在于人流密度较大、空间使用强度较高的区域。经过精心设计的广场并不完全是一片硬质空地，而是需要统筹考虑周边交通关系，明确主次入口空间，在实现快速通达的同时能够做到集散有序的场地。

2. 有机内聚，浑然一体

广场设计的整体性是反映设计思维是否有机的关键因素，通常集散性广场是内聚的空间架构，一方面是广场自身集聚人流的向心性所致，另一方面是出于对快题设计方案整体性的考虑，以获得更好的视觉效果。

3. 等级空间，层次渐进

对于初识快题的应试者往往会将广场理解成铺装设计，若广场的集散性非常强，这也是一种设计思路。然而现代广场的复杂性越来越高，休闲功能、生活功能、文化功能在整个设计中也占了不少分量，因此多类型空间的存在丰富了广场的内涵，增加了广场的趣味性。

4. 完善设施，服务便利

大量人群集聚广场带来了活力与使用需求，必要的环卫设施、风景园林设施、商业设施是广场设计时必须统筹考虑的内容。对于设施服务的便利性应通过合理的分布方式取得成效。

5. 功能复合，全面协调

差异化人群集聚带来广场的差异化功能需求，针对不同类型人群集聚带来的化学反应，应保证广场空间的弹性使用可能和刚性使用需求。

5.3.2 设计要点

广场设计在快题中，最容易出错的地方在于软、硬质比例的控制，其实这是设计方法的缺失。一个准确的软、硬质比例和清楚的方法流程可以让设计者掌握必需的方法，在此基础上，进一步解决场地的特殊问题。

1. 软、硬质比例——因地制宜

不同类型的广场设计，对软、硬质的比例要求会随着具体场地特征而产生变化。客观地研判场地的活动性程度，再确定软、硬质比例。

2. 流线组织——结合场地

流线的组织与场地分析息息相关，也是反映设计与场地呼应的一个重要方面，清晰准确的流线是合理设计的前提。

5.3.3 设计流程：逻辑清晰

快速设计的特征决定了设计者必须有清楚的设计思维，清楚的设计思维可以使设计者在遇到任何复杂题目时都能给出正确的方法。以郑州万科城市广场的设计为例。设计从流线、功能、形式、竖向等方面清晰地展示了设计的过程，并取得了较佳的设计效果。

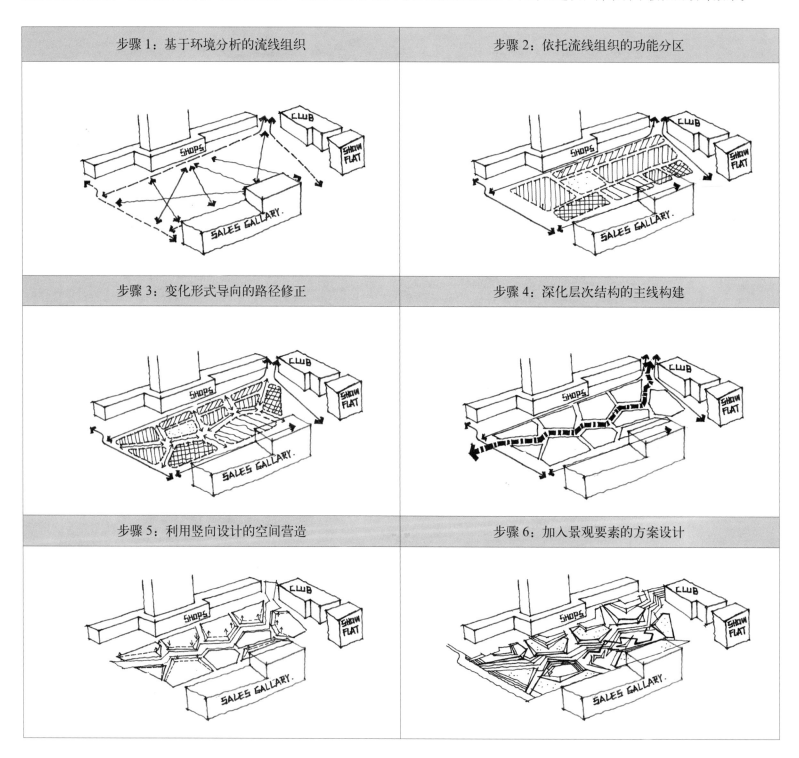

步骤7： 最终平面图

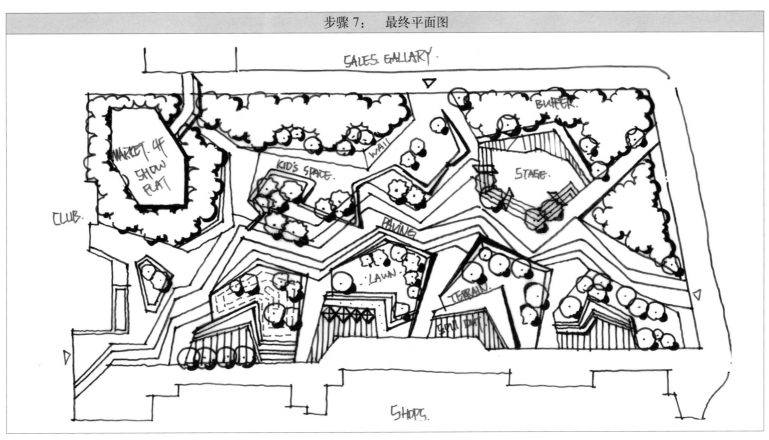

图 5-1 郑州万科城市广场平面图（改绘）

5.3.4 广场选题

1. 基地条件

基地位于苏南某城市文化中心，地理位置十分优越。广场总面积约2.6公顷，东、南两面紧邻城市道路，东部道路一侧为展览馆、科技中心，南部道路一侧为居住区，北部为少年儿童图书馆，西部为学校，基地地势平坦，西部有香樟等古树需保留。见右侧基地附图。

通过规划设计，为广大市民提供一个集休闲、娱乐、运动、观演、交流为一体的综合性市民广场。

2. 规划设计要求

（1）规划方案应布局合理，结构清晰，还应考虑周边环境特点，并能充分尊重与利用自然环境；（2）综合布置绿地、铺装、小品等设施，要求功能分区明确、交通组织合理、环境美观舒适；（3）基地中原有树木应保留并合理利用。

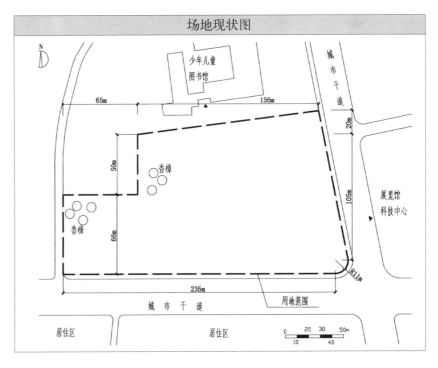

5.3.5 解题思路

1. 释疑：题意分析 + 问题研判

（1）解题信息细分

① 区位信息：位于城市文化中心的综合性市民广场；

② 环境信息：场地内具有保留植被，地势平坦，相邻的场地分别为东侧的展览馆科技中心和南侧的居住区；

③ 交通信息：南侧与东侧均为交通干道，北侧是儿童图书馆的正入口。

（2）三个关键要点

① 组织合理的可进入流线关系；

② 创造具有宜人品质的内部广场空间；

③ 构建适应周边人群的功能场地及承载全市性活动的活动空间。

（3）主要问题研判

① 解决场地要素整合问题：将需要保留大树与功能空间或背景空间进行整合，更好地、多元地利用场地要素；

② 解决场地平整单调问题：利用台阶、草阶、舞台等要素创造更有层次的立体化空间。

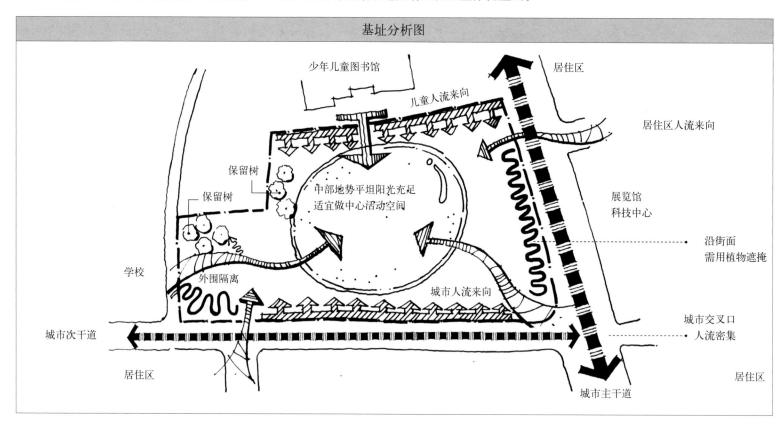

基址分析图

2. 造局：设计理念 + 设计概念

（1）生态化设计理念：林荫空间与功能空间并存，活动性与休闲性并重；

（2）立体化设计概念：功能竖向与景观竖向统一。

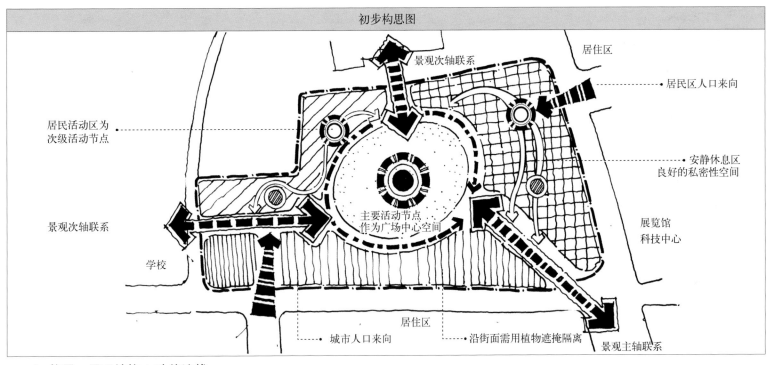

3. 构思：景观结构 + 功能流线

广场的基本结构形式往往以中心放射式为主，本方案作为标准化的设计案例，同样可采用此类设计结构。此方案协同地将周边的功能植入，中心以聚会广场空间为主，创造整个广场的核心活动空间，再协同周边的入口直接或间接地将人流导入中心广场，并创造小尺度的活动空间与核心空间互动，形成整体的功能布局、流线结构。

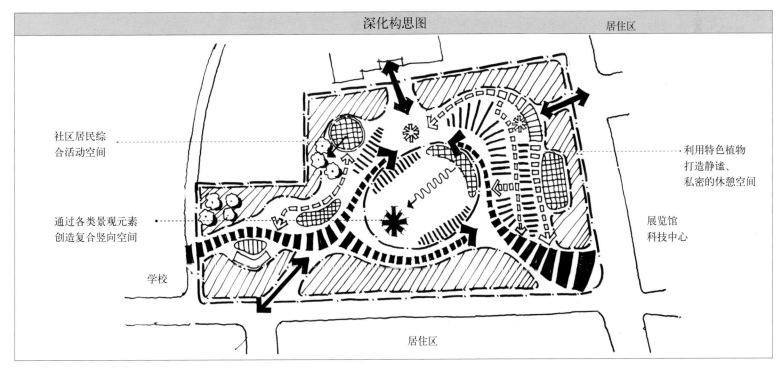

4. 定法：设计语言 + 设计要素

当有多方案时，采用不同类别的形式语言来比较方案，可以更好地做出有效的设计判断。方案 A 的设计整体性更强，具有较好的中心感，但形式过于内向。方案 B 的方案形式更具现代化，能有更丰富的空间体验，活动性也更强，功能更多元。方案 C 则以规则的方案形式为主，但是形式与功能之间存在一定的不协调性。为了更好地植入功能空间，可以采取多语言整合的方式，避免方案的生硬，更好地强化方案的多样性。圈层化的功能差异布置增加了方案的层次性。

具体的功能通过铺装、植物、台阶、小空间等要素呈现，满足题目的本身需求。

方案 A：圆弧形式　　方案 B：钟摆形式　　方案 C：折线形式

5. 成图：衔接要求 + 完善方案

深化构思图

休闲广场

观演聚会

运动竞技

5.4 公园设计的思维

公园是风景园林快题设计最常见的类型，公园分为封闭私有型和开放公共型，从服务对象和范围可分为市级、区级、居住区级、小区级等，形态上又有点、线、面的差异。尺度和形态的不同导致了设计方案的千差万别。

5.4.1 设计原则

1. 以人为本，拥抱城市

城市公园，虽然是自然空间的一部分，但是其本质更多地还是提供了城市居民的活动和使用场所。尤其是城市中心区域的城市公园，更应该在设计上体现人性化，从可进入性、活动多样性、环境宜人性等方面，更多地从人的需求角度展开设计，与城市功能相互渗透、互动。

2. 弹性有序，活力乐趣

公园空间的使用要从短、中、长三种时间维度来看，需要更有弹性的状态，以适应时间变化带来的人群需求变化。同时活动的选择、功能的设计应该致力于提高城市的活力空间与公园的趣味性、欢乐性。

3. 融合场地，整体考量

任何设计都不能脱离场地本身来自顾自地设计，在对场地地物要素的整合利用上，任何场地都应深度考虑。公园在各类绿地中的尺度往往趋于大型化，各类要素也趋于复杂多元，全盘考量取舍是深化设计的基础。

5.4.2 设计要点

公园设计快题，基于尺度与形态的差异，往往山水格局会成为整体空间骨架的首位要素，对于原有场地的山水空间如何利用，对于平整场地如何重新创造山水格局关系，是较为重要的设计点。其次，基于公园的设计原则，突出公园与城市的互动及如何将公园融入城市绿地网络、步行网络也是公园设计的难点。

1. 治山理水——山水定局

公园作为生态修复城市中的山水地带，在保持山水格局的同时，应该更好地修复、提升已有的山水资源，适度地、合理地创造更多的山水资源，在工程合理性、经济合理性的范畴内，强化山水格局，以山水格局确定公园的格局。

2. 枢纽作用——融入绿网

公园作为城市绿地网络中的一个重要斑块节点，应该与城市绿网、绿道协同整体化，避免城市公园为了便于管理而沦为城市开放空间网络的一个阻滞点。协调网络与节点的关系也是公园设计的一大要点。

5.4.3 公园范式

公园设计随着尺度的大小和所处区位差异，而存在多类型的范式，且存在一定的非强制对应关系。

环路自然式：以自然式的手法布局各类人工要素，更贴近自然，弱化人工特征，追求虽由人作、宛自天开的设计效果。

轴线环路式：结合了具有控制力的轴线与自然化的曲线园路，兼顾自然特征与人工特征，是运用频率极高的设计范式。

以上两类范式往往存在模糊的边界，因此也可以将两者合并成一种方案类别。

规则肌理式：适合小尺度的公园设计，且实用性极强，利于人群的进入，是形式感较强的一类范式。

街区网络式：在规则肌理式的基础上融入了开放街区化的理念，使得公园融入城市的步行网络空间，具有极好的实用性，并且是未来高密度人居空间的较佳范式。

以上四大类的公园设计范式是目前常见的类别，其应用的范畴往往与公园所处的区域位置有关系，区域位置越是中心，公园街区化、开放化的应用价值就越大；反之，当公园位于远郊或近郊时，公园作为城市步行穿行介质意义有所降低，这时追求自身完整性和管理有效性的环路范式则具有更高的应用价值。

1. 环路自然式（轴线环路式）

环路自然式是保持环路结构的同时，维持街区通达性的设计方案。

2. 街区网络式

街区网络式是强调街区网络通达的设计方案，在保证场地通达的同时兼顾各区域的关联性。

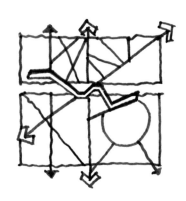

3. 规则肌理式

规则肌理式是以肌理式的设计手法来组织公园空间，软、硬质兼顾，富有趣味，也易于统一各类设计要素。

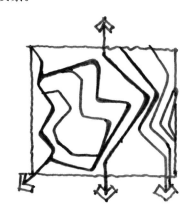

4. 传统公园范式

传统公园范式是以自由环路式骨架来主导公园整体流线的方法，是较为常见的，也相对传统的范式。

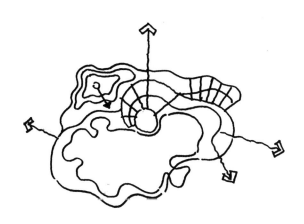

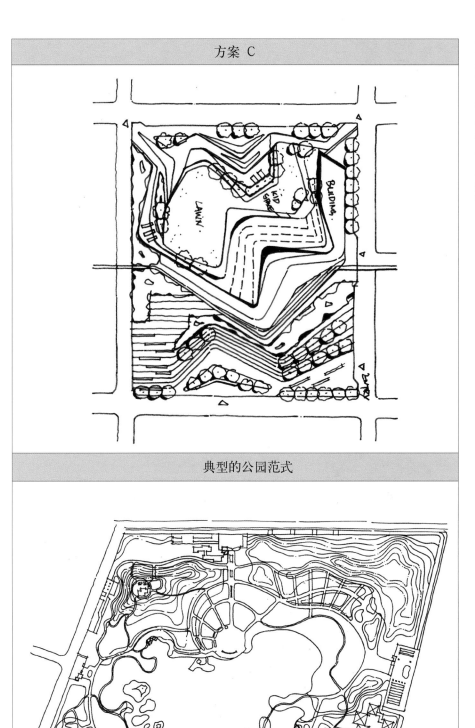

5.4.4 公园选题

1. 基地现状

该地块位于华中某城市的高新技术新区的中心地段，服务居住人口为30万。基地主要由水塘、山体及乡村住宅组成。周边道路已形成，山体植被良好，乡村住宅拟全部拆除后改建为新区中心绿地，其规划用地总面积约16.2公顷。周边用地性质及其他情况详见所附《华中某城市新区中心绿地用地现状图》。

根据《新区总体规划》及《新区绿地系统规划》，该绿地性质定为：城市新区市民休闲活动中心，城市新区形象窗口，并兼有城市新区综合公园职能。

2. 规划设计要求

（1）设置满足4000~5000人需求的市民休闲主广场，但需对广场进行有效的空间组织与划分，该广场的绿地率不得小于40%。

（2）设置的景观小品与景观建筑构筑物需反映新区特色或时代特征。

（3）若设置自然水景，尽可能地利用场地现有池塘进行水体整理，其水体总面积不得大于规划总用地面积的20%。

（4）规划布局应有效保留山体地貌及植被。

（5）在充分考虑中心绿地内景观组织、周边环境条件及城市景观与城市交通组织需要的前提下，合理布局各方向入口，有效组织休闲人流。

（6）合理配置中心绿地内的公共服务设施（注：在山体南侧停车可利用公共停车场，不在设计范围之列，其他方向停车自定。）

（7）其他要求，参照《公园设计规范（GB 51192-2016）》。

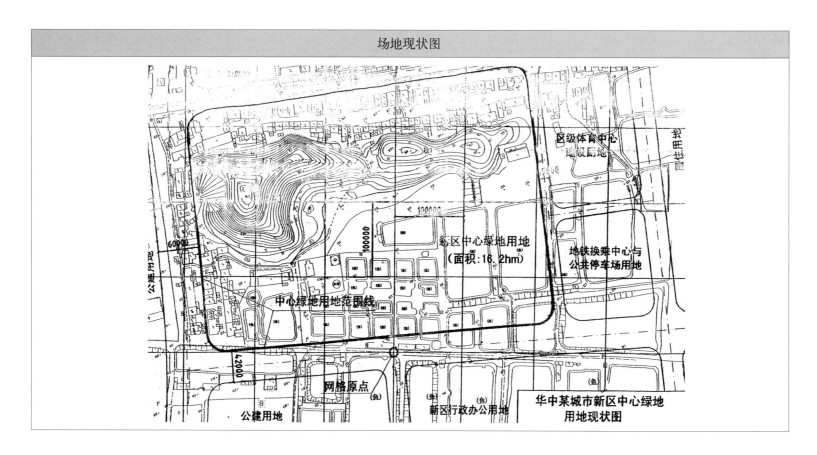

5.4.5 解题思路

1. 释疑：题意分析 + 问题研判

（1）解题信息细分

① 区位信息：位于城市高新区中心的综合性市民公园；

② 环境信息：场地内具有保留山体、植被、大量鱼塘，地形起伏，周边规划北侧为居住区，南侧为公建用地、行政办公，东侧为体育中心和地铁换乘及公共停车场；

③ 交通信息：西南两侧为城市干道，东侧为地铁换乘中心和公共停车场用地。

（2）三个关键要点

① 组织合理的、可进入公园的交通体系；

② 创造具有多层次、市级的功能要素；

③ 构建合理的山水空间格局，体现时代性。

（3）主要问题研判

① 解决场地要素整合：结合已有山体与鱼塘，对山体进行修复，对水体进行梳理，组织具有场地特征的多元新区市民公园；

② 提升城市空间形象：利用山水空间序列创造轴线，以开敞、序列丰富的景观轴线，提升城市形象，打造城市名片。

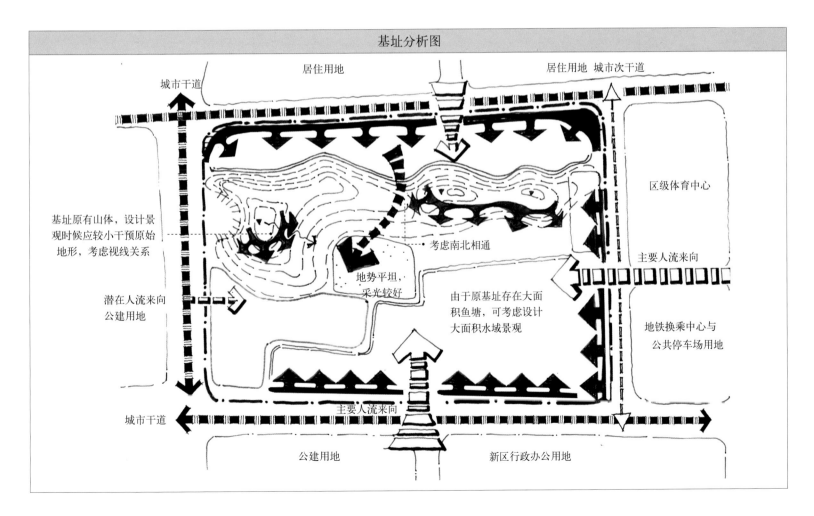

基址分析图

2. 造局：设计理念 + 设计概念

(1) 开放化设计理念：位于中心区城市公园应更大程度地开放化，以保证目的性使用空间的功能完善及穿越性使用者的步行需求。在更大的范围内将公园与城市绿地、绿道整合贯穿。

(2) 绿色融合体概念：因地制宜地完善山水格局，将其与新城特色空间塑造进行整体考虑，打造与周边环境呼应、互动、充实自身功能的复合多元公园，以绿色融合体为公园设计的概念，突出绿色与城市的融合。

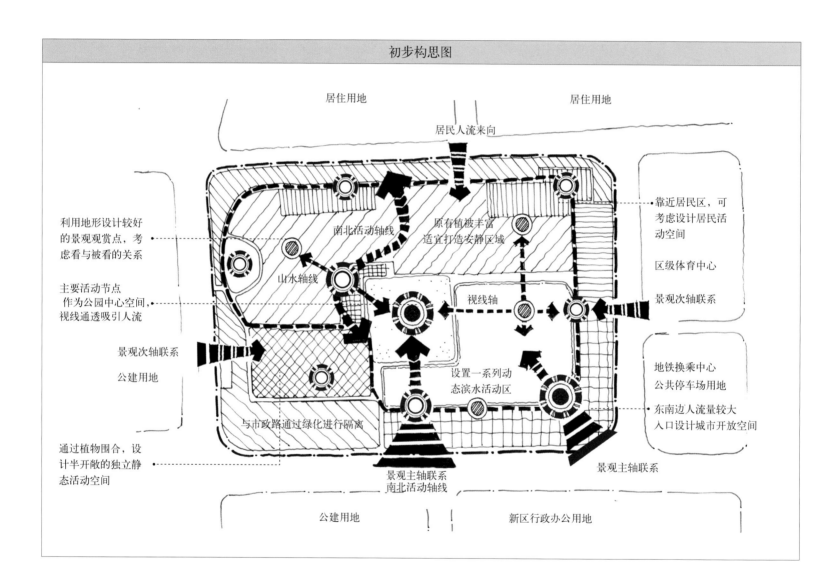

初步构思图

3. 构思：景观结构 + 功能流线

公园的基本结构形式往往以环路为主，作为标准化的设计案例，本案同样可采用此类设计结构。设计时，方案应协同周边功能，中心以水面开敞空间为主，创造整个公园的核心活动空间，而山体则称为空间序列的制高点。协调周边的城市功能或，直接或间接地将其导入中心，活动性功能从内向外分层布置。

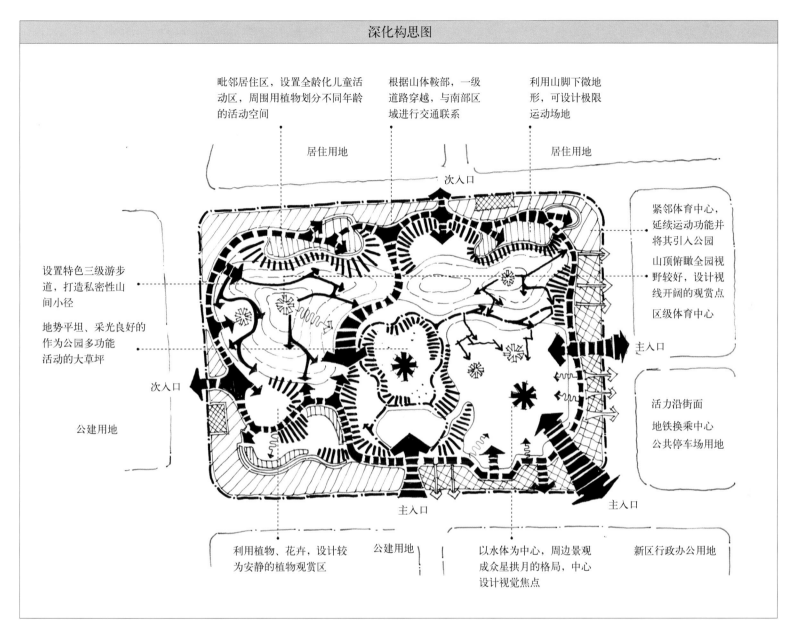

4. 定法：设计语言 + 设计要素

考虑到城市形象需求与场地本身山水特征明显的现状，选择自然式的设计形式，使公园更好地融入场地。以园中园的层次化空间要素构建空间，在满足尺度合理的同时，保证元素与空间的统一性。为了更好突出场地特征，水景要素的深化设计是一大特色。在满足题目要求的比例上限控制的同时，创造诸如岛链、半岛、湖面、菱池等丰富水景要素。功能性要素也呈现出多元的状态存在，如集会、运动、文化、休闲、健身等要素。园路要素以多等级、序列关联的形式架构，反映了公园的尺度特征。

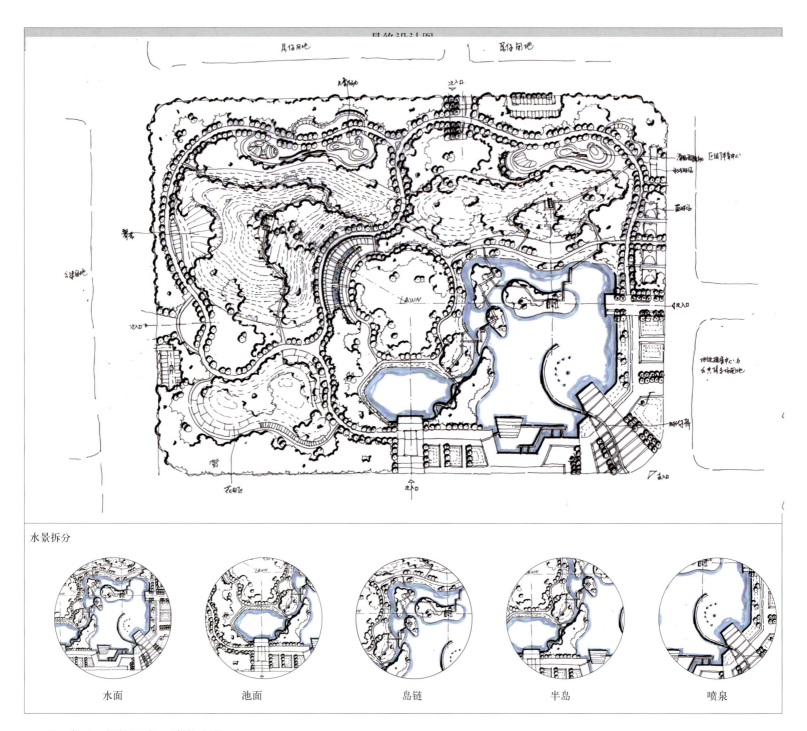

5. 成图：衔接要求 + 完善方案

针对不同专业方向，用差异性图纸表达，以更好地适应考核的方向和重点。以风景园林方向为例，需要总平面图、分析图、鸟瞰图或透视图、经济技术指标和设计说明等。

5.4 附属绿地设计思维

附属绿地的类别较多，如居住绿地、公共设施绿地、工业绿地、仓储绿地、道路绿地、特殊绿地等。针对不同类别的绿地，绿地设计可能侧重于视觉景观、使用功能、生态维护等不同方向。即便在同一工业用地中，位于不同建筑类型周边的附属绿地也存在极大的差别。例如在工厂办公区的绿地和工厂生活区、工厂生产区绿地随着建筑的性质产生不同的需求。

5.4.1 设计原则

1. 结合建筑，特征凸显

附属绿地作为依附体存在，更应与主体用地功能、建筑功能结合。建筑使用功能存在对外渗透与延伸的需求，因此绿地承接此类功能就成为了附属绿地多数时候的主要任务，而这项功能也更好地强化了建筑与场地的特征关系。

2. 三元并重，适度突出

除去对建筑外延伸与渗透的功能，附属绿地还承担了将建筑与外部不利环境分割的作用，对周边噪声、光线、视觉不美观物、异味等采取分割遮蔽手法，尤其在工业用地中应充分体现绿地的生态作用。视觉、功能、生态三方面并重，结合对三元需求的强烈程度合理考虑主次。

3. 绿色共享，联动周边

附属绿地权属上存在非公共性，但是在条件允许下，应该尽可能提高绿地的公共性，考虑城市公共区域对附属绿地的视线、视觉控制，考虑城市步行网络与附属绿地步行、活动空间的关联，发挥1+1>2的正反馈作用，使绿地网络联通带来更好的生态效应。

5.4.2 设计要点

附属绿地与建筑的协调往往是该类快题的难点，一方面绿地起着协调补充的作用，并且以服务建筑功能为主，而建筑衍生的各类交通功能与流线组织都需要借助绿地展开，人车分流等要求更显得极为迫切。

1. 互动建筑——以筑定绿

附属绿地设计更多时候应该以建筑为核心展开，办公建筑需要大量的停车与休闲运动设施，工厂建筑周边需要多层吸污绿化为主，居住建筑则更关注整体的空间品质及对外部不利环境的分割。总而言之，综合利弊、互动建筑是首要的。

2. 整合交通——人车分流

附属绿地在很多时候需要帮助解决场地各种流线的现实需求问题，绿地的设计应考虑车行、消防、人行甚至专用流线的设计问题。如医院绿地的设计难度极大，多数时候医院绿地的车行流线会在风景园林专业介入前规划完毕，但出于景观化设计的意图，对规划既定的方案会有所调整，这就要求设计者必须有扎实的流线组织基础才能完成这样的任务。

题目分析：

定性——该绿地一个比较典型的大比例附属绿地，以工厂的办公厂区的绿地设计为主要内容，依据题目的要求，此绿地同时也是开放性绿地。

定位——结合与厂区的空间关系、建筑主入口的关系定位为企业形象的展示窗口、合作交流的服务平台。

定量——满足题目要求的停车位要求。

5.4.3 附属绿地选题

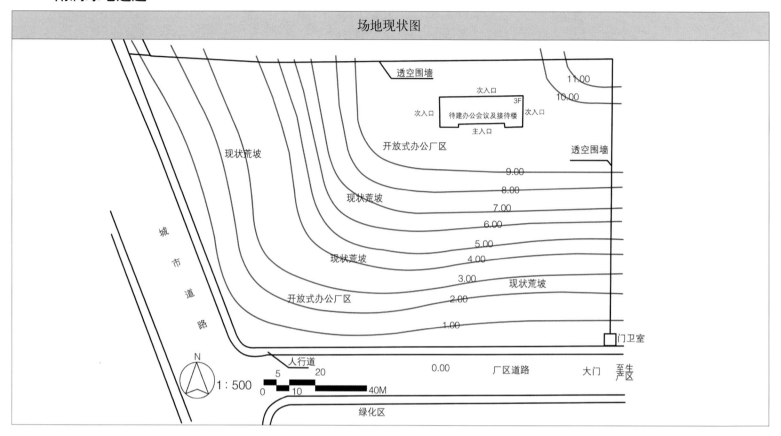

场地现状图

1. 基地概况

华东某城市某工厂位于城郊，拟在厂区入口区域建设面积约7公顷的开放式办公区，内部为生产区。厂区道路的交通量不大。基地地形呈缓坡状，荒坡土质承载力较好，地形改造相对容易，挖填工程造价成本不高。基地东北角确定建设办公会议及接待楼一栋，平面布置如图所示。建筑风格为现代式、简洁、明快。建筑南侧主入口门的宽度为6m，另外三个次入口门的宽度均为2m，所有入口在建筑立面上居中布置。

2. 设计要求

（1）总体设计要求

① 使用功能：要考虑户外体育和展示区域，在其中安排一些展示企业文化的户外风景园林和设施，需要安排一个户外篮球场供职工健身使用。

② 交通功能：小轿车需到达办公楼南侧主入口，从城市道路上最多只能开设一个机动车出入口进入开放式办公区，厂区道路开设机动车出入口的数量不限。停车方面：需要60个小轿车停车位，其中至少有30个要靠近办公楼，便于日常使用，其余30个供会议和活动期间使用，位置不限；需要5个大巴停车位，位置不限；需安排50个自行车停车位，宜靠近厂区道路。

③ 其他风景园林和绿化等功能可以根据设计构思自定。

（2）办公楼主入口前场地详细设计要求

按照办公楼前场地的功能、风景园林、绿化的需求进行设计，无特别要求。建筑底层和室外场地的相对高差宜在0.45m以上，具体标高根据设计构思自定。

5.4.4 解题思路

1. 释疑：题意分析 + 问题研判

（1）解题信息细分

① 功能信息：需要户外活动与展示区域，户外职工篮球场一处为必需物。

② 环境信息：基地为总高差 10m 多的起伏坡地状态，北侧、东侧的围墙与西侧、南侧的道路决定了场地基本的展示面与出入空间。现状有办公建筑一处，地形坡度同时也对设计方案的车行线路有线形影响，准确梳理办公楼的多类型交通流线是场地设计的重点之一。

③ 交通信息：需 60 个小汽车停车位，5 个大巴停车位及 50 个自行停车位，西侧道路为城市道路，南侧道路为厂区道路。

（2）三个关键要点

① 交通合理的组织：对于车行道、人行道的组织是本题的关键之一，另一个关键为与周边不同等级道路的分别对待与衔接。

② 嵌入场地的设计：坡地景观设计需要有效合理地利用现状适度改造。

③ 差异空间的创造：满足厂区办公楼附近基本功能布局与指向性功能的布局。

（3）主要问题研判

人车分流、依山就势、合理布局、空间转合、人性考量。

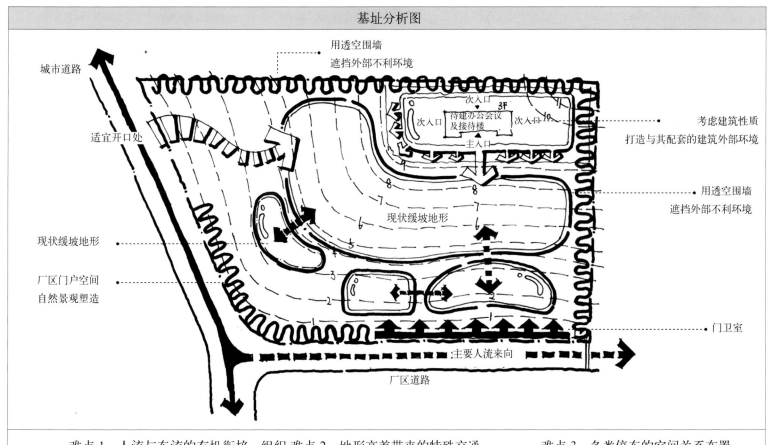

基址分析图

难点 1：人流与车流的有机衔接、组织　难点 2：地形高差带来的特殊交通　难点 3：各类停车的空间关系布置
难点 4：企业形象展示的空间塑造　难点 5：建筑内外场地的衔接与契合

难点 1：人流车流的有机衔接组织——人车分流

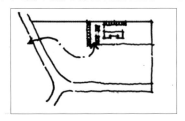 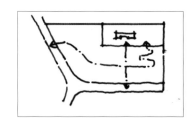 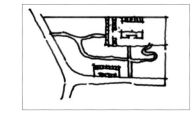

难点 2：地形高差带来的特殊交通——依地就势

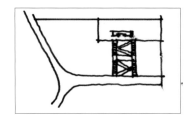 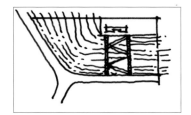

难点 3：各类停车的空间关系布置——合理布局

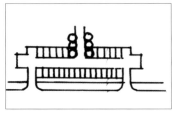 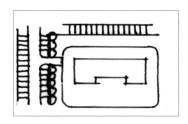

难点 4：企业形象展示的空间塑造——空间转合

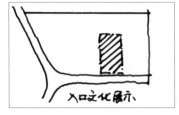 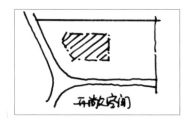 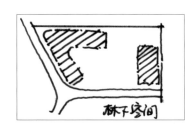

难点 5：建筑内外场地的衔接与契合——人性考量

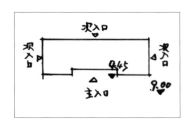 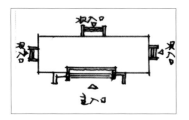 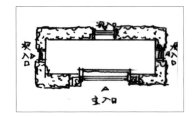

2. 造局：设计理念 + 设计概念

（1）共享化设计理念：结合题目自身开放式绿地概念，在满足厂区办公楼的基本场地要求的同时，考虑工厂与城市空间的共享共生，适度地强化绿地景观空间与城市道路的关系。

（2）多台地设计概念：结合现有场地的高差关系，以疏密强化方式进一步修正地形，以利于各类要素布局，并且创造特殊、标志化的景观效果。

3. 构思：景观结构 + 功能流线

附属绿地由于其附属化的特征，往往自身无法呈现出清晰完整的景观结构，而需要与建筑要素统一考量，甚至深入室内，才能完善结构。功能与流线不拘泥于内外，统筹考虑。此时的交通需要考虑的不仅仅是分级，还需要考虑分类型，不同类型的交通流线与功能的内外关系也应该匹配、适应。

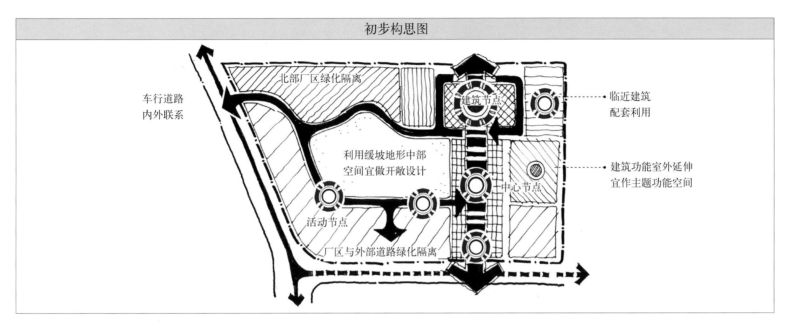

初步构思图

4. 定法：设计语言 + 设计要素

附属绿地的设计语言形式随着场地特征的变化及设计意图表达的不同，会有不同的类型选择对应。甚至有时候由于场地过于破碎化而导致场地对设计语言一致的要求降低。以现代风格的形式和要素来组织，在满足车行顺畅、轴线空间形象展示明确、各类要素布局合理的前提下，以钟摆、母形重复等手法整合景观要素，深化功能空间节点。

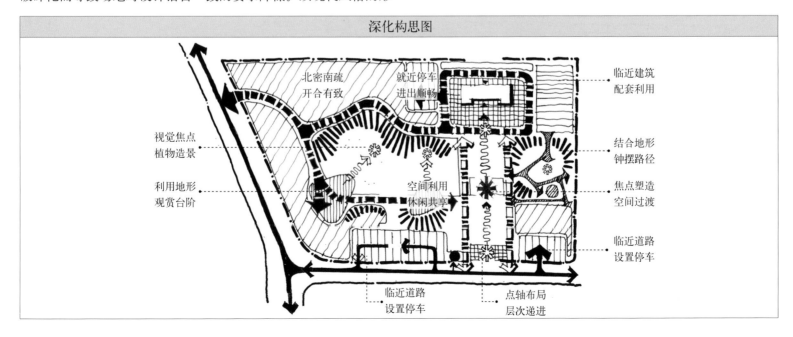

深化构思图

5. 成图：衔接要求 + 完善方案

（1）总体设计要求：① 总平面图 1 张，比例为 1∶500；② 剖立图 2 张，比例为 1∶50；③ 分析图 2 张，比例自定。

（2）办公楼主入口前场地设计：① 总平面图 1 张，比例为 1∶200；② 剖立面图 2 张，比例为 1∶100、1∶200；③ 局部透视图，数量自定分总体与局部两个层次解答设计方案。

5.5 滨水开放绿地设计

5.5.1 设计原则

1. 彰显文化，空间塑造

水岸空间往往是人类文化重要发源地之一，随着时间推移，当地的文化变迁会沉淀出厚重内涵，新时代的设计也应该传承历史文化，在空间品质塑造的同时，体现当地文化特色。

2. 生态优先，安全并重

滨水绿地作为水陆交界区域，本身具有很特殊的边缘效应，是生态活跃区域，同时也是生态敏感区域。线型水岸往往也承载一定的航运功能，在维持通航的同时，亲水活动与航线安全性都需要兼顾考虑。

3. 联动城市，滨水通达

城市发展与河流相生相伴，滨水空间在特殊历史时期承载了更多的生产性功能，未来更多将会以绿地生态游憩为主要功能，这也对滨水绿地空间提出了新的要求。滨水空间不能孤立于城市，应该融入城市，在保证滨水空间可达性的同时，与城市绿地网络建立多方位链接。

5.5.2 设计要点

1. 城市到自然的链接

建立滨水绿地空间与城市的链接是滨水空间设计的要点与难点，这个链接需要从生态、视觉、功能多方位建立。

2. 自然与活力的共生

维持滨水空间的自然特征与人文活力也是其设计的重点，两者一定程度上存在兼容的问题，解决方法是在充分研究在地特征基础上，定性乃至定量化差异化分配两类空间存在的区域。

3. 游憩与安全的统一

滨水空间独特的吸引力决定了公众游憩的价值，游憩活动带来的安全性考量是不可或缺的一部分。其一是游憩人群的亲水活动安全，必需衔接规范，适度提高要求；其二是城市泄洪、排涝对滨水空间的要求，同样必需衔接规范，适度提高；其三是设计构成要素对通航安全的影响，必须兼顾。（表4-2、表4-3）

基于水文资料与规范要求的安全设计：

历史最高洪水位	5年一遇洪水位	10年一遇洪水位	20年一遇洪水位	50年一遇洪水位	100年一遇洪水位
3.4	2.8	3.2	3.4	3.5	3.7

表 4-2 河道水文信息表（m）

河道名称	堤坝高程（m）		堤面宽（m）		堤坡脚坡比		护坡形式		设计防洪标准	
	设计标准	现值	设计标准	现值	外坡	内坡	外坡	内坡	洪水频率	水位值（m）
同济河	4.9	4.5	7	7	1:3	1:2.5	砼预制块	草皮	50年一遇	3.5

表 4-3 防洪堤设计信息表

5.5.3 滨水开放绿地案例一

1. 项目概况

河北省某城市新区,一条河流从城市新区中央穿过,河流两岸规划有连贯的滨河绿地,河流水位存在季节性变化,丰水期最高水位为3m,枯水期最低水位为2m,没有洪水隐患。由于河流需要通航,两岸已经修建垂直硬质驳岸。设计场地为整个滨河绿地的一个重要节点,总面积约8.5公顷。场地被河流分隔为南、北两个部分。北侧紧临小学和办公用地,南侧与城市道路、居住区和商业用地相邻。场地内存在一定的高差变化(平面图中数字为场地现状高程)。

2. 内容要求

(1) 场地是整个滨河绿地的一个重要节点,要考虑整个带状绿地的道路连通性。(2) 小学周围需要设计一片满足学生自然认知、生态探索、科普教育和动手实践的户外课堂区域。(3) 滨河绿地需要满足周边办公、商业和居住用地的使用功能需求,为附近白领和居民提供公共休闲服务空间。(4) 由于河流通航要求,可在不减少河道宽度的前提下,对现有垂直硬质驳岸进行适度改造,创造亲水休闲体验空间。(5) 在场地中选择合适的位置设计一座茶室建筑和一座公共卫生间。其中,茶室建筑占地面积约200~300m^2,建筑外要有一定面积的露天茶座,卫生间建筑占地面积约100m^2。(6) 水岸要设计有小型游船停靠码头一处。(7) 场地内可根据需要设计一座景观步行桥,增强南、北两岸联系。(8) 设计必须考虑场地中现状高程变化。

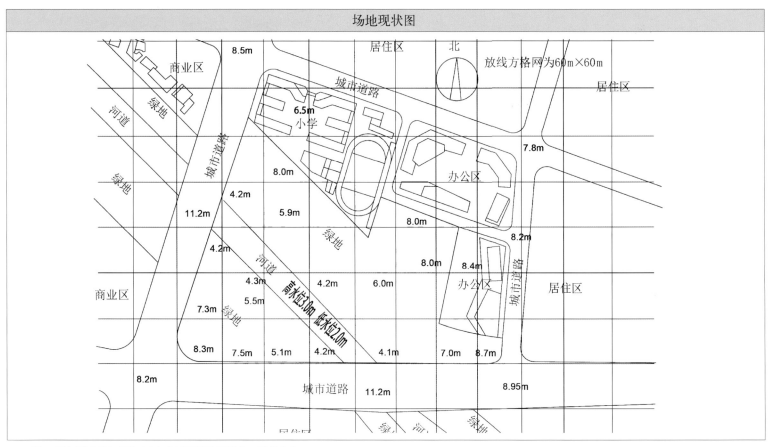

注:所有图纸画在2张A1白色不透明绘图纸上,严禁上色。

附:图纸资料说明,设计范围为平面图中粗断线以内范围,方格网间距为60m×60m。

5.5.4 案例一解题思路

1. 释疑：题意分析 + 问题研判

（1）解题信息细分

① 作为和滨河绿地的重要节点，需要强化带状绿地的连通性。

② 作为小学周边绿色开放空间，需要提供室外户外课堂空间。

③ 衔接办公商业居住功能关系，需要提供户外休息休闲空间。

④ 现有硬质驳岸可以满足河道通航，需要改造驳岸满足亲水体验。

⑤ 必要公共服务设施完善布局，衔接人流，满足功能，完善流线。

⑥ 码头桥梁指向功能合理布局，对接题意统筹满足内外需求。

（2）五个要点

解决地形的整体把控：题目未给定等高线，但是零散地给定了几个标高，这给整体场地的高程判断制造了困难，也提供了多元的可能性。而水位的标高丰水位为 3m 与近水处场地 4m 的标高最为接近，大致可以理解成这个地形关系是近水处标高逐步降低，离水处高至 8m，从丰水位到场地最高处存在 5m 高差，这 5m 高差在图纸上并未准确定位，也恰恰为设计的地形改造提供了多元的可能。

互动周边形的网络构建：题目明确指出了基地作为和滨河绿地的重要节点，需要强化带状绿地的连通性，这个高明之处在于设计的视野，必须从系统性角度来阐释，考虑整体的滨河绿地的连续性和连通性，当然也包括可行性。两侧的城市道路为了通航设置了桥梁，且设计标高达到了 11m 之高，桥下绿地步行的连续可行性完全具备。

织补城市的功能嵌入设计：打造一个滨水绿地公共空间，已不能满足传统内向城市公园的需求。从题目的功能要求上也能看出，滨水绿地更多地追求与周边城市功能的互动，为人们提供更开放的空间和更具有使用价值的功能空间，而周边清楚的空间关系也基本指明了各类功能布局可能出现的位置。

强化特征的空间序列：空间与功能本身是相辅相成的，而理解空间也必须从题目定位下手，滨水公共空间的空间特性是开敞通透、序列清楚、等级明确。场地本身并没有太多地物要素，所以应适度创造如码头、灯塔、观景廊桥等地物要素。

满足通航与滨水游憩共生：垂直驳岸的改造结合地形，改造 4m 标高的近水岸为缓坡入水式自然河岸，可以取得更好的景观视觉效果与生态效果。

（3）要点研判解决

地形解决策略——分层次多维度设计。

如何控制地形，如何设计是方案极其有趣之处，是选择一个大缓坡下去，还是两层台地下去，还是多层台地布局？

① 大缓坡式——接近现状。

和场地接近的设计方式因为相对简单，会被大多数设计者采用，然而这样做也失去了本题的最大乐趣，而地形的控制与设计，是风景园林教学中极为重要的一部分，含糊其辞的设计虽然可以，但绝非上策。

② 两层台地——富有设计。

例如哈格里夫斯的坎伯兰公园，该公园对地形的把握极佳，而明确的地形控制恰恰让空间效果的营造具有极高的价值。

③ 多层台地——层次丰富。

多层台地的设计好处在于能解决较大的高差问题，此类问题也较多地存在于快速设计中，因此掌握此种设计有助于应对各类不同问题。

（4）四大策略

① 交通网络策略——整体协调立体构建。

一方面要通过设计来实现两块绿地的一体化设计，同时也要跳开两块绿地整体的视野，从更大的视野来完善流线，保证滨水绿道顺畅连续、绿地流线完整一体。而这两个流线存在的不同的竖向关系，为场地空间的交通立体化策略提供机会，场地入口的位置也应该选择在工程合理处及人流进入便捷处。

② 功能完善策略——分类型系统解决。

以茶室和茶座为核心的休闲区。对接办公区，以户外教育为主的活动区对接小学，以服务居民的集会、健身区对接居住区，以绿道贯穿的滨水健康区对接滨水绿地，以形象展示为主的广场区对接城市交口。

③ 空间序列策略——视线强化地物要素构建。

明确空间的开合关系与视线关系，利用场地的高差，创造明确的场地空间视觉结构，提高方案的整体性，以此来进一步完善场地的特征，将地形、视线、码头、灯塔、观景廊桥等重点要素建立起整体的关联视觉体系。

④ 水岸共生策略——生态优先视觉提升功能整合。

保留2m以下区域的硬质空间，主要修正水岸2m以上的部分，采用自然入水驳岸设计，展示水位差异化的自然水岸景观。利用改变的水岸，将要求的游船码头以内湾的形式藏在水岸一侧，满足自身需求与外部通航需求。在合适位置设置内弯，保证了通航与亲水空间。

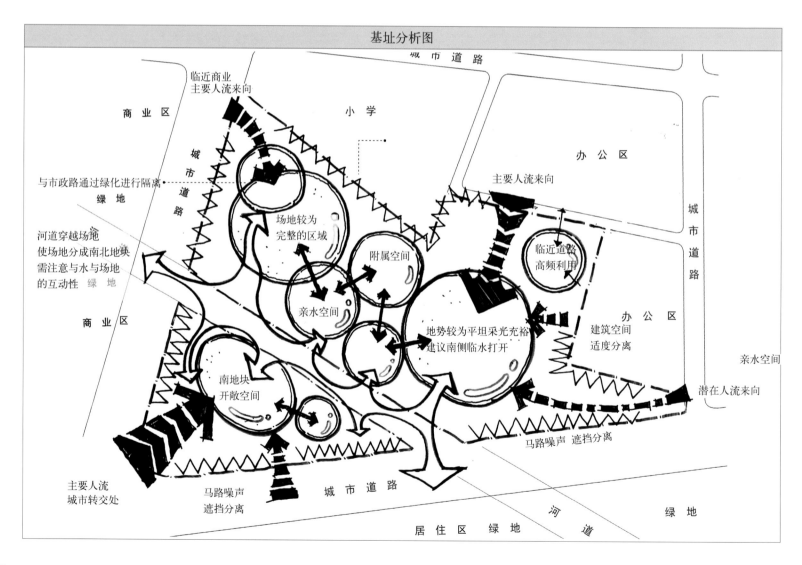

基址分析图

2. 造局：设计理念 + 设计概念

（1）共生设计理念：滨水绿地的特征决定了自然生态与人文活力存在一定程度的不兼容性，这也反映在游憩与安全上，因此共生理念在此方案中较有适用性。

（2）立体化设计概念：结合现有场地的高差关系，以疏密强化方式进一步修正地形，以利于各类要素布局，并且创造特殊、标志化的景观效果，在亲水、连接城市两个层面兼顾统筹。

3. 构思：景观结构 + 功能流线

被河流分割的两块绿地，需要跨越河流整体考虑结构的可能。这样也同时满足了题目要求。功能的构想，内外协调考虑是基本方法。

因此，以茶室和茶座为核心的休闲区对接办公区，以户外教育为主的活动区对接小学，以服务居民的集会、健身区对接居住区，以绿道贯穿的滨水健康区对接滨水绿地，以形象展示为主的广场区对接城市交口。将功能与流线通过整体化的设计原则，整合出完整的方案结构。

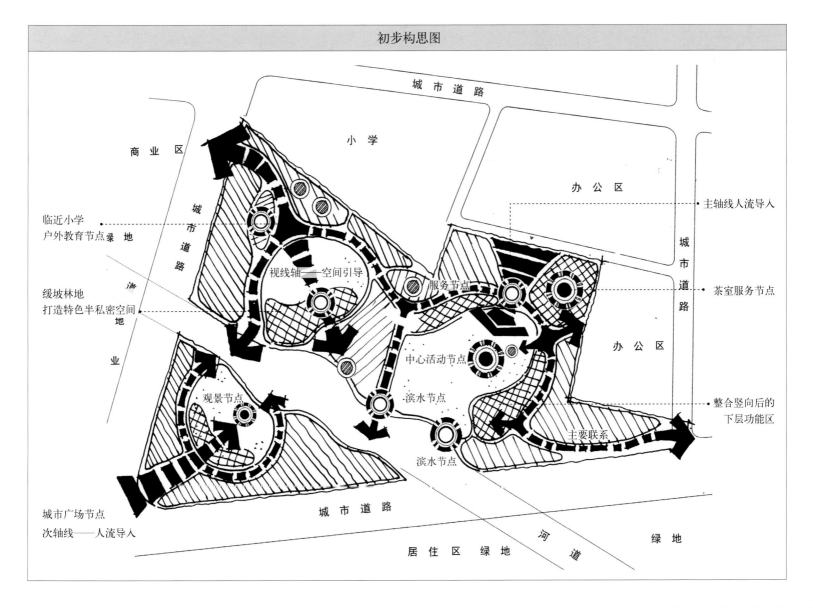

初步构思图

4. 定法：设计语言 + 设计要素

滨水绿地对形式本质并无特殊指向性要求，场地的边界与河流关系呈现出规则与不规则的碰撞。选择一个自由曲线的形式，可以合理地融合碰撞，建立友好的整体关系，反映出对自然空间的反馈，也更利于整合各类功能组群。要素的组合更应该统筹人工和自然要素，以解决功能与场地流线、场地高差问题为主。

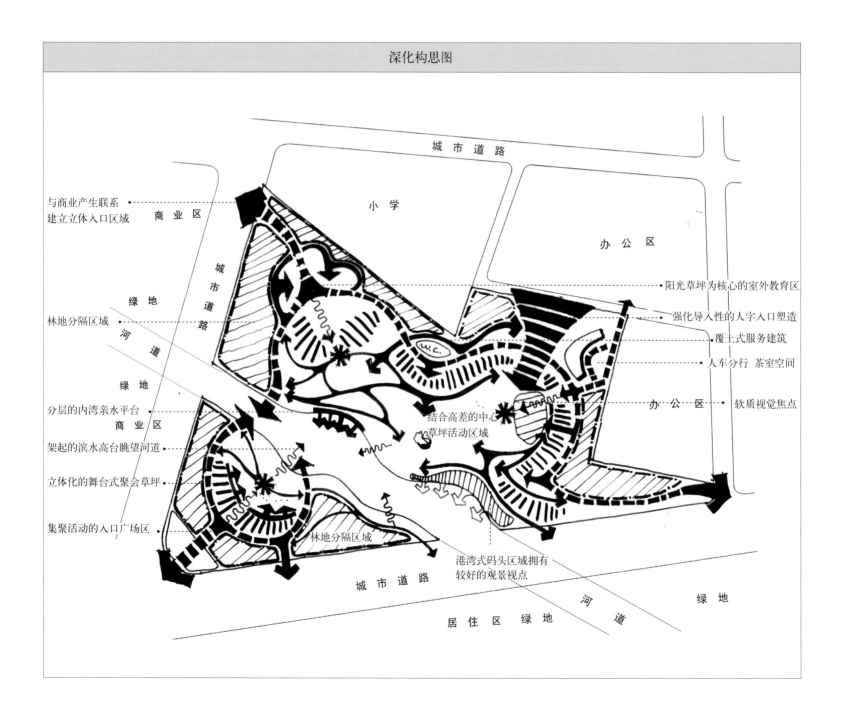

5. 成图：衔接要求＋完善方案

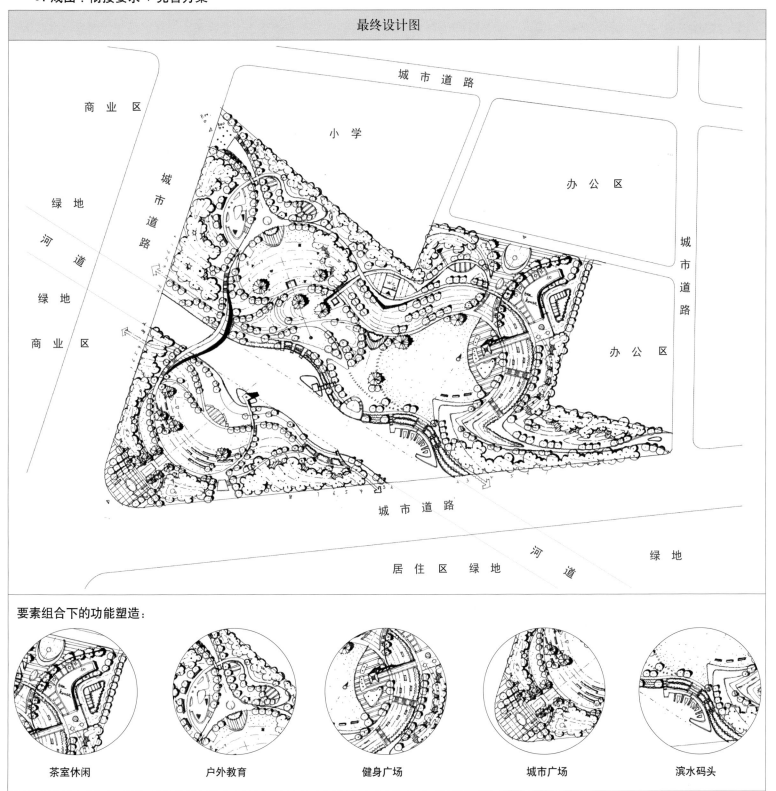

最终设计图

要素组合下的功能塑造：

| 茶室休闲 | 户外教育 | 健身广场 | 城市广场 | 滨水码头 |

5.5.5 滨水开放绿地案例二

解析基地概况

地块为一期建设用地，毗邻城市河道，总面积约为 1.3 公顷。基地中有 6 棵古树，1 个 6m 见方的石台上有 1 个 4m 高的石碑，上面记录了这里一次重要的航运事件，靠河岸处有一个古代（宋代）码头遗址，石台标高 4.2m。

图中画出了河道规划蓝线，常水位标高 ±0.000，此处有防汛要求，洪水位是 6m，须在蓝线以外设置防洪堤，蓝线以内要考虑市民的亲水活动，安排亲水设施。

因为二期已经解决了停车问题，此地块无需考虑小汽车和大巴车停车位，只需设置能够容纳 50 辆自行车的停车场。地块内拟建一个 800m² 的展览建筑，用来展示书画等艺术作品，最好不超过 2 层，宜做园林式建筑处理。场地宜做自然、生态化处理，不用考虑土方平衡。

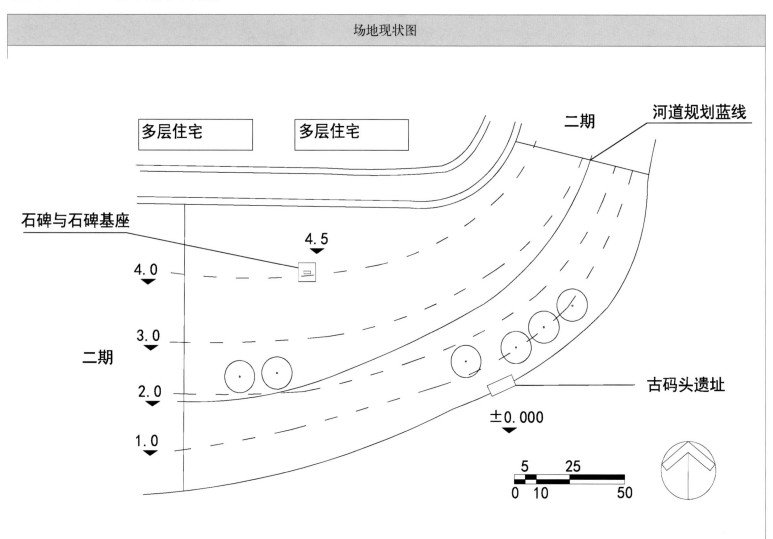

场地现状图

5.5.6 案例二解题思路

1. 释疑：题意分析 + 问题研判

（1）解题信息细分

① 区位信息：位于城市河道一侧，北侧是居住用地，外部环境较为简单。

② 场地信息：基地内有石碑一处、古码头一处，以及保留古树 6 棵，需要设置 $800m^2$ 的展览建筑一座。

③ 水文信息：洪水位为 6m，需要在蓝线以外设置防洪堤一处，需要兼顾防洪与亲水功能。

④ 交通信息：北侧为城市道路，需要 50 个自行车停车位。

（2）三个关键要点

① 满足防洪堤设置的同时要满足亲水需求，考虑防洪带来的场地的整体竖向调整。

② 整合滨水绿道与防洪堤的同步设置，考虑与相邻绿地的一体化绿道设计。

③ 融合码头、石碑等要素的方案格局构建，创造多个空间片段区域。

2. 造局：设计理念 + 设计概念

（1）以文化为核心的设计理念：场地的文化要素具有鲜明的特色，不同时期的要素导致多元文化的时代更迭，融入这些要素，展示场地的时间性与文化性，是设计的核心理念。

（2）历史叶脉设计概念：以叶脉的形态为设计的初始点，如同叶脉生长的形态一样通过不同片段的历史代表物整合设计要素。

3. 构思：景观结构 + 功能流线

多序列空间轴线的控制，在强化滨水可达性的同时，维持整体场地的差异文化特色。以建筑布局作为整体结构的中心节点展开设计，在保持场地滨水连续、滨水多层体验、差异空间序列的同时，构建清晰的滨水空间自身结构，保持方案的完整性并能与空间互动，将流线、节点、区域三大成分统筹构建方案结构。

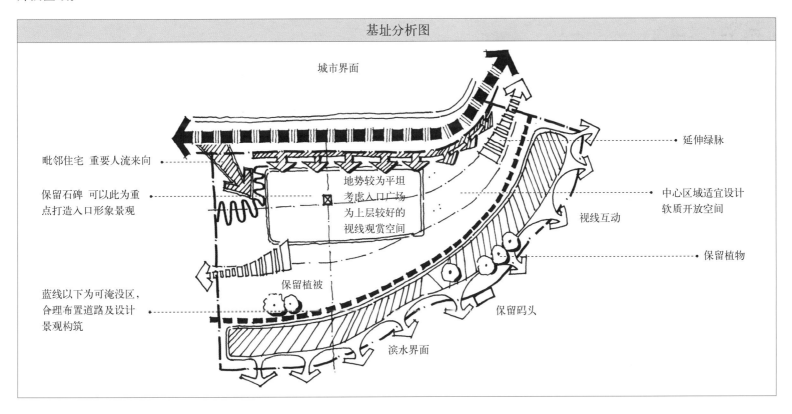

基址分析图

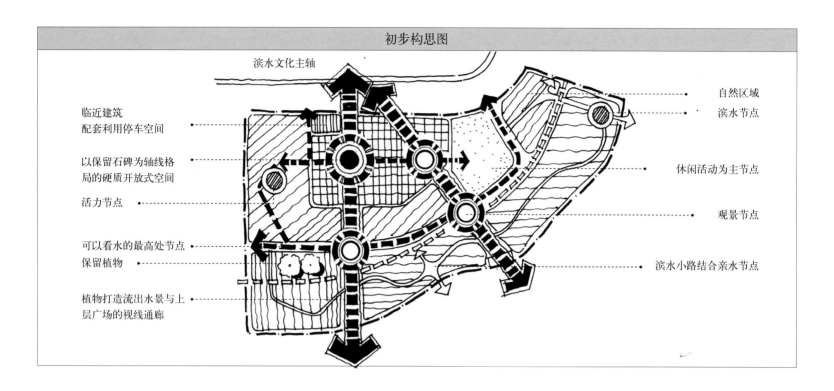

4. 定法：设计语言 + 设计要素

在设计形式的选择上本案更倾向于轻松、不拘泥于具体形式的风格，建筑要素的布局更考虑对外的便捷性，活动场地的布局倾向于安全与可达，流线的设置更倾向网络通达，植物要素在保留现有植被基础上，展现更多的开放空间与本土化考虑。

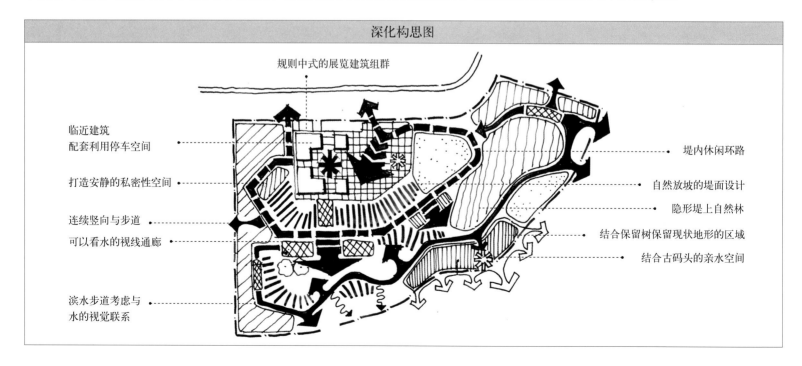

5. 成图：衔接要求 + 完善方案

梳厘清楚准确的软质竖向关系是题目的核心意图之一，因此设计图需要准确标注，并能清楚表达应对防洪亲水的双重要求的措施。对于保留物的清楚表达也应得到充分重视。

方案 A　　　方案 B　　　方案 C

最终设计图

6

五大设计策略
FIVE DESIGN STRATEGIES

6.1 策略一：抓大放小

6.1.1 时间安排

时间安排是决胜的关键之一，在平时练习时应对自我的设计、表达分阶段控制，以便于养成一定的控制力，控制力的强弱一方面与日常积累相关，一方面与临场练习习惯有关，不论快题是 3 小时或 6 小时，每张图纸均有一定分值，考生都要尽可能提高图纸完成度，图纸的缺失会让应试者得不偿失。同时应尽量使每张图纸深度相似，避免造成判卷者产生图纸未完成的认知，而且完整统一的图纸往往更有视觉冲击力。

1. 三小时快题时间分配

阶段	任务	内容	时间
1	审题	仔细阅读任务书，明确场地基本信息，结合给出的现状平面图，准确把握题目考点	10 分钟
2	分析 + 构思	分析题目考点，确定方案设计理念，据此形成方案的设计结构和基本形态，明确功能分区	20 分钟
3	总平面图 详细设计平面图	扩图：将给出的现状平面图扩大到成题目要求的比例。在此阶段同时要绘制出场地周边的道路、水体、建筑等用地	15 分钟
		方案：初步绘制方案整体布局，推敲落实风景园林设计的结构，确定形态	45 分钟
		墨线：对风景园林设计总平面图进行深化绘制，丰富方案细节	15 分钟
		上色：先绘制底层颜色，再往上铺色，最后绘制阴影	25 分钟
		标注：设计标高标注，建筑标注，需要说明的节点标注等	5 分钟
4	分析图	一般包括道路交通分析、功能分区分析、空间结构分析，根据题意和设计意图适当增加其他分析图	10 分钟
5	剖面图	表现场地空间、地形变化及重点设计处	15 分钟
6	效果图	重要节点空间表现，透视准确，主次分明	10 分钟
7	设计说明	逻辑清晰，内容完整	5 分钟
8	检查	根据题意考点查漏补缺	5 分钟

2. 六小时快题时间分配

阶段	任务	内容		时间
1	审题	审题分析构思是风景园林快题设计的关键阶段，也是考察快速构思能力的阶段	仔细阅读任务书，明确场地基本信息，结合给出的现状平面图，准确把握题目考点	20 分钟
2	分析+构思		分析题目考点，确定方案设计理念，据此形成方案的设计结构和基本形态，明确功能分区	30 分钟
3	总平面图 详细设计平面图	相对于三小时的风景园林快题，六小时快题的总平面图绘制阶段需要绘制的更加细致，传达出设计意图与细节表现。在表达图纸的同时，更要注重制图规范	扩图：将给出的现状平面图扩大到题目要求的比例。在此阶段同时要绘制出场地周边的道路、水体、建筑等用地	20 分钟
			方案：初步绘制方案整体布局，推敲落实设计结构，确定形态，分区绘制方案	120 分钟
			墨线：对总平面图进行深化绘制，丰富方案细节，六小时快题需要更加丰富的细节，以体现风景园林设计能力	40 分钟
			上色：风景园林设计配色也是表达的关键，先绘制底层颜色，如草坪、铺装、水体等，再往上铺色乔灌木、建筑等，最后绘制阴影，增加图面光影效果	35 分钟
			标注：规范的风景园林设计标注，设计标高标注，建筑性质、层数、面积，需要说明的节点标注	5 分钟
4	分析图	一般包括道路交通分析、功能分区分析、空间结构分析，根据题意和设计意图适当增加其他分析图		20 分钟
5	剖面图	表现场地空间、地形变化及重点设计处		30 分钟
6	效果图	重要节点空间表现，透视准确，主次分明		20 分钟
7	设计说明	逻辑清晰，内容完整		10 分钟
8	检查	根据题意考点查漏补缺		10 分钟

6.1.2 信息筛选

有深度的考题为了识别应试者的分析研究能力，通常会给出较多的题目条件，其中有些与设计密切相关，而另一些则用于混淆视听。如题目给出简易厂房这样的条件时，设计者惯性的保留思维易于作祟，然简易之所以谓之简易，则意味着保留价值全无，这时候应试者需认真分析，避免惯性思维。再如题目给出地形条件的时候应仔细分析地形是平坦还是较陡，对设计是否有决定性的影响。题目信息中有一些图纸中的重要信息，应试者也往往容易忽略，尤其是给出的现状图中的一些重要文字信息虽然清楚，但往往很小，应试者慌忙之中极易忽略，从而错失考点、追悔莫及。

6.1.3 快速构思

过分沉迷于细节设计会影响整体进度，使效率降低，无法完成要求的图纸量。因此，快速构思应以大局为重。应将平时的练习当成考试来对待，否则平时的拖沓习惯会影响最后考试的状态。应试者应在平时的练习中要求自己用更短的时间来完成规定的图纸量，久而久之效率会提高很多。

6.2 策略二：重点突出

6.2.1 紧扣要点

题意的阅读是至关重要的一步，应试者要认知题目场地所处的空间背景，理解题目要求，深度理解要求与条件之间的互补关系，将两者串接、互补，应答题目的真正用意。

其中常见的方面有以下几点：

（1）定位：题目定位往往决定功能构成与流线。

（2）交通：周边交通关系，城市道路的人流导入及车行限制。

（3）要素：地形、水系、山体、古建的保留与再利用。

（4）空间凸显、场地细化：风景园林设计的核心是当营造空间、时间充足时可以对空间内的要素进行细化设计。

6.2.2 主题发挥

以主题形式出现的考题越来越多，范式的运用必须加入主题流线、主题场景、主题功能的穿插，从设计范式、语言、要素等方面体现主题。

纪念性主题的体现与空间表达，如图 6-1 所示。

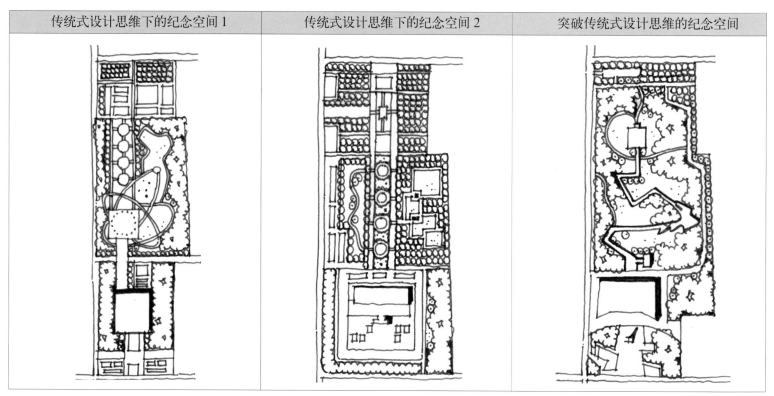

图 6-1 改绘自朱育帆青海原子城草图

6.2.3 重点突出

在题意理解的基础上，对重点区域或重要节点、轴线的刻画上应多加笔墨，让读卷人能瞬间理解设计者的话语重点。这个多加笔墨不仅仅是通过表现强化，而且要从设计的繁简与周围的对比中，谋求更有效果的表达。

6.3 策略三：熟记要素

常用节点要素：

应试者应该在考前熟记风景园林快题中最常见的功能节点，并能做到灵活运用、举一反三，能理解各类空间的尺度和类型。书读百遍，其义自见；图绘百遍，同理可见。

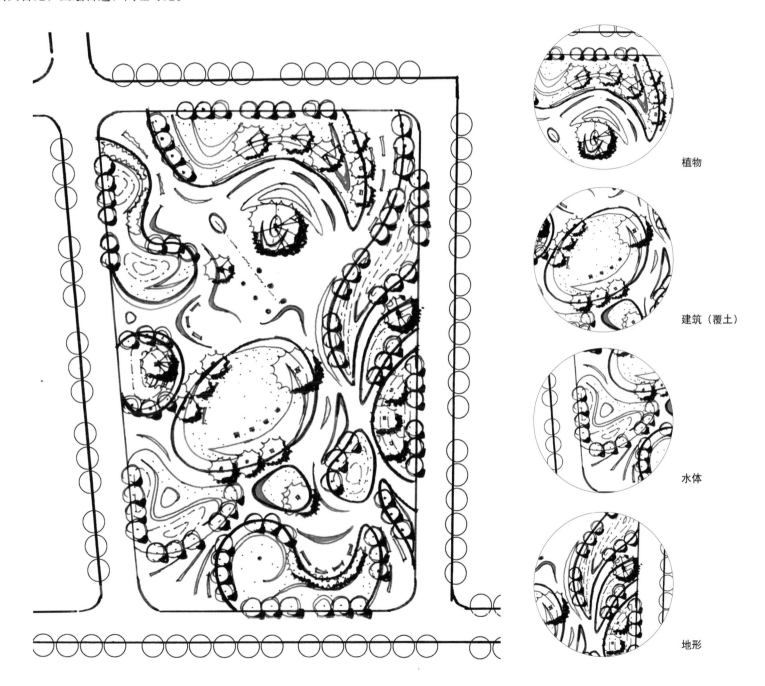

植物

建筑（覆土）

水体

地形

6.4 策略四：范式运用

对于不同的场地，当问题导向需求较少时，设计范式的运用能大大提高设计效率。反之，当整个题目以问题为导向作设计时，题目对设计者提出的要求更高，有时甚至需要设计者打破范式，灵活地将范式举一反三，根据题目要求做"适应性"改进。当设计者真正熟练以后便可以无招胜有招，忘记范式。

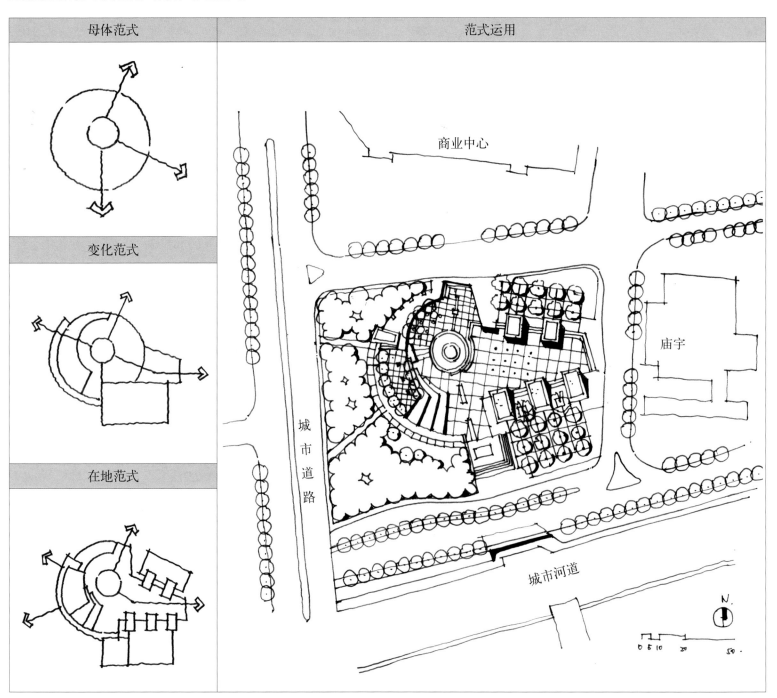

6.5 策略五：以不变应万变

能熟练、合理地安排时间读题、定调，理顺空间、功能、流线等要素是快题设计的基础，随着出题复杂性的提升，各类应试者闻所未闻的题型与考查点要素不断出现，应试者若故步自封，不思进取，则极易被新题、新点难住。作为选拔型考试，应试者与时俱进的思想状态与勤学自研的学习方法往往才是最可贵的品质。

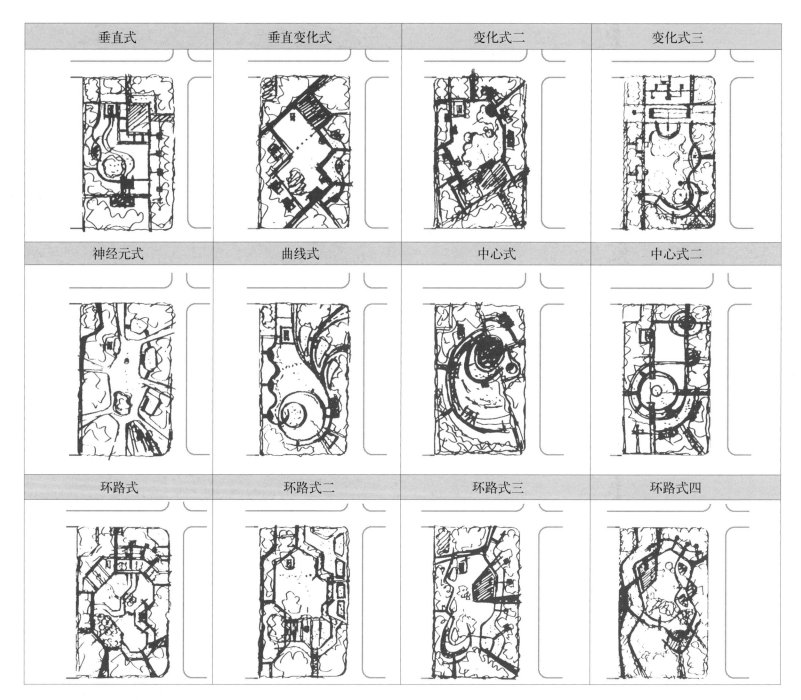

7

四十例设计案例赏析
FORTY CASES OF WORKS

7.1 某市民广场规划设计

题目来源：苏州科技大学 2012 年硕士研究生入学考试初试试题
考试时间：6 小时

一、基地条件

基地位于苏南某城市文化中心，地理位置十分显著。总面积约 2.6 公顷，东、南两面紧邻城市道路，东部道路一侧为展览馆、科技中心，南部道路一侧为居住区，北部为少年儿童图书馆，西部为学校，基地地势平坦，西部有香樟等古树需保留。见基地附图。

通过规划设计，为广大市民提供一个集休闲、娱乐、运动、观演、交流为一体的综合性市民广场。

二、规划设计要求

1. 规划方案应布局合理、结构清晰，还应考虑周边环境特点，并能充分尊重与利用自然环境。
2. 综合布置绿地、铺装、小品等设施，要求功能分区明确、交通组织合理、环境美观舒适。
3. 基地中原有树木应保留并合理利用。

三、成果要求

1. 图纸尺寸为标准 A1（841mm×594mm）大小。
2. 总平面图，比例为（1：500）。
3. 规划分析图（功能分区、交通结构等）。
4. 总体剖立面（1~2 个）。
5. 主要节点详细设计。
6. 总体鸟瞰图。
7. 简要文字说明（不超过 200 字）。
8. 经济技术指标。

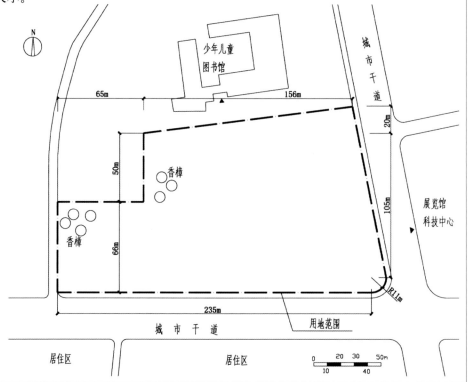

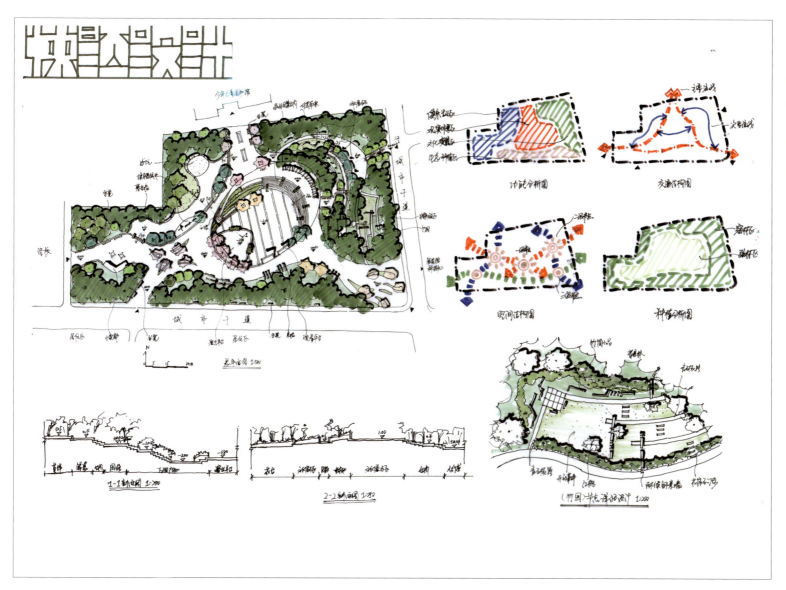

图纸信息	评语
姓名：周淑宁	这是一个较为不错的方案，整体的广场流线较为合理，软、硬质比例也符合广场的特征。竖向上的设计是方案的亮点，利用中心广场的下沉，合理考虑周边竖向设计，以舞台功能、休憩台阶、水景等要素来丰富广场功能活动，在保证完整性的前提下充分利用边界空间。在开放广场空间以外的绿地空间内适度辅以主题功能空间，种植表达也利用色彩明暗突出了设计的焦点，植物从树形、色彩、组合等方面起到点缀作用。分析图表达相对清楚，但剖面图的表达略显薄弱，需要增加空间特征的表达与趣味性
用时：6小时	
纸张：硫酸纸	
大小：A1	

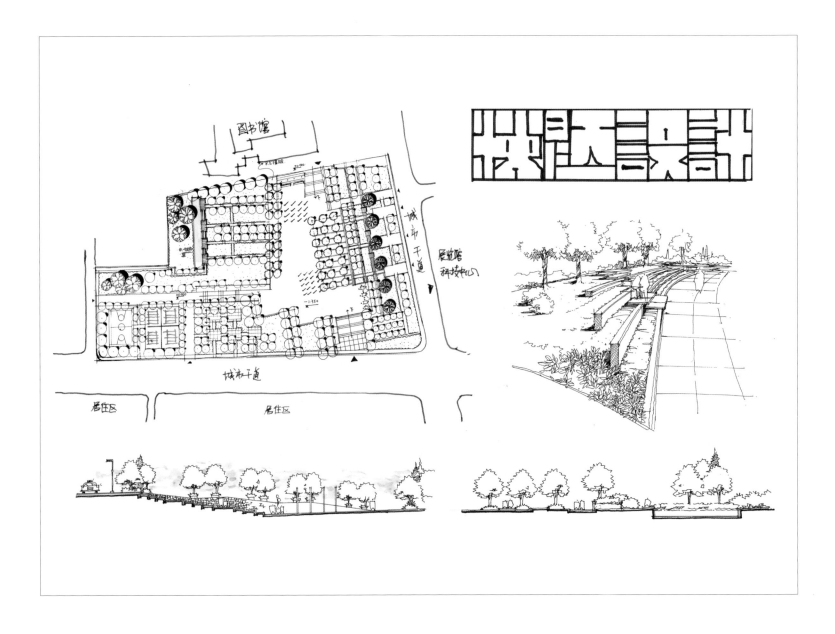

图纸信息	评语
姓名：陈杨 用时：6小时 纸张：硫酸纸 大小：A1	构成感较强的广场设计方案，是较佳的方案。非规整场地的广场在设计上抛弃了传统整形切入的设计手法，而采用与场地关系更强的线条组合式设计，设计手法较之整形更有难度。该方案的手法娴熟，很好地融入了场地的特征，空间构成疏密有致，坡道台阶、水景、草坡充分地结合了下沉广场的设计。这也是一个比较准确的设计方案，采用极简的线条反映空间的设计重心，植物也以不同深度的绘制形式来突出植物与空间的关系。功能上包含了私密、运动、集会、观演等，剖面图的绘制略微夸张地反映竖向设计，在快速设计表达上不失为一个讨巧的做法。图中保留树木的绘制也清晰明了，同时存在一定的观赏空间

7.2 某城市公共空间规划设计

题目来源：同济大学 2010 年景观快题初试题目
考试时间：3 小时

一、基地概况

基地为中国某中型城市中心的一块 1.5 公顷的公共场地，三面临街，东、南、北三面均为居住小区，西面为商业区。要求保留基地西北角落的一片面积约为 15m×25m 的水杉林和一栋 5m×10m 的建筑，基地中部偏南一片约 20 株的银杏树林也要求保留。

二、成果要求

1. 总平面图 1 张，比例为 1：200。
2. 分析图若干：功能分区、道路结构、空间组织、种植分析。
3. 典型断面的剖面图、透视图。
4. 文字说明。

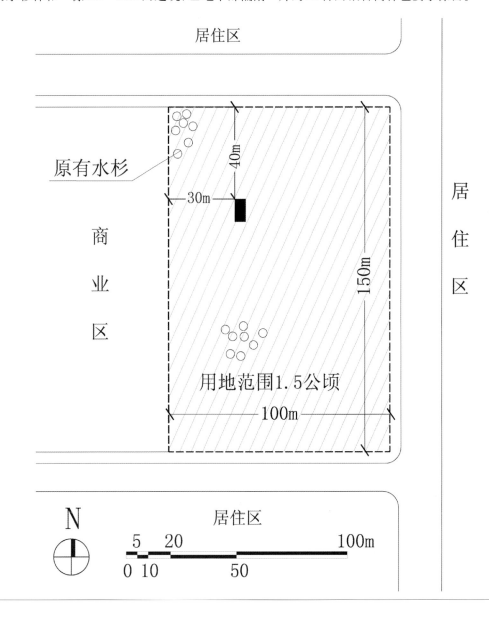

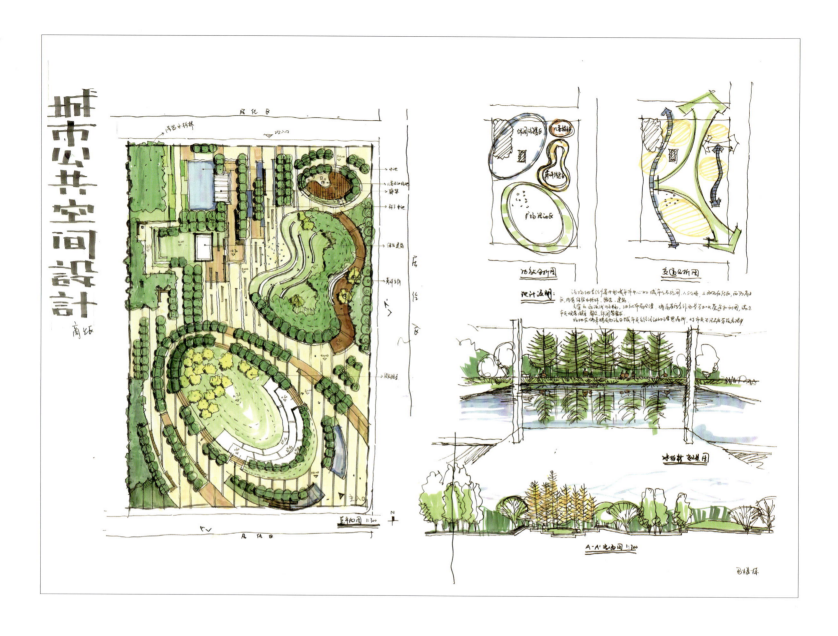

图纸信息	评语
姓名：马椿栋	居住区级的公共场地在功能上并不复杂，此题内存在保留要素，银杏、水杉、保留建筑都需要纳入空间设计统筹。该方案设计空间肌理感极强，以反向图底关系的手法反衬出空间。三个要素的利用方式各有差异，且能融入场地。考生对设计基础理论理解扎实。瞭望与庇护的关系在设计图上有所体现。若方案加强些功能特征的表达会更好。表现技法功底较佳，色彩配搭清晰、明了，深浅适中。分析图的表达与设计方案略有脱节，其色彩选择部分明度过高，不利于阅读，透视图表达的场景稍微夸大了实际空间感受。剖面图的表达整体明快，若加入些活动要素可以更好地提高整体氛围
用时：3小时	
纸张：拷贝纸	
大小：A1	

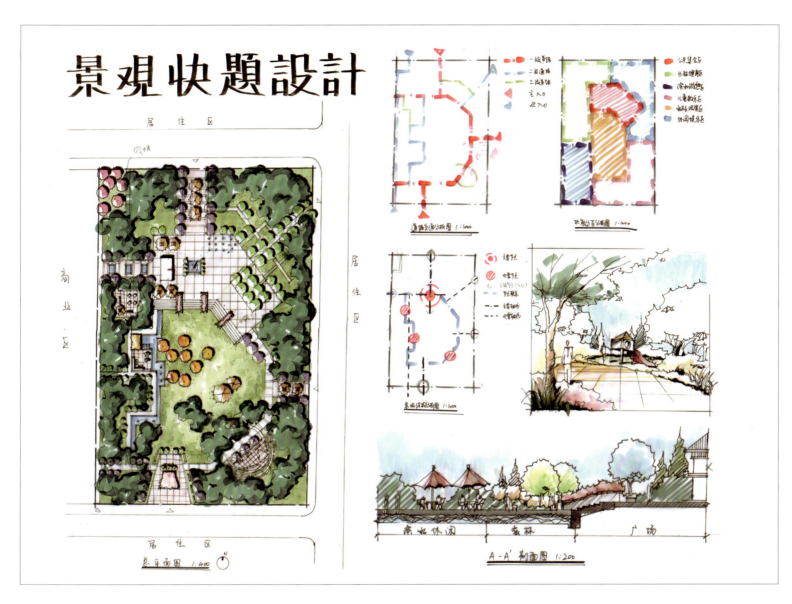

图纸信息	评语
姓名：梁竞	以保留建筑作为广场的中心，并作为广场端点要素是较为常见的设计方式。整体空间格局控制较佳，以银杏作为空间的中心要素展开设计，既保证了银杏观赏价值，又突出了场地的特征。进入路径的差异化设计有较大趣味。除去主要开放空间的整体清晰特征外，功能空间的画法与位置均较好地反映了设计者对功能空间的把握。规则水系的引入创造了两侧空间的差异，保证了路径空间的异质化体验。分析图较好地反映了平面功能内容，剖面图画风成熟。方案的不足之处在于中心广场尺度稍微偏大，台阶尺度也稍大，但总体还是不错的设计方案
用时：3小时	
纸张：绘图纸	
大小：A1	

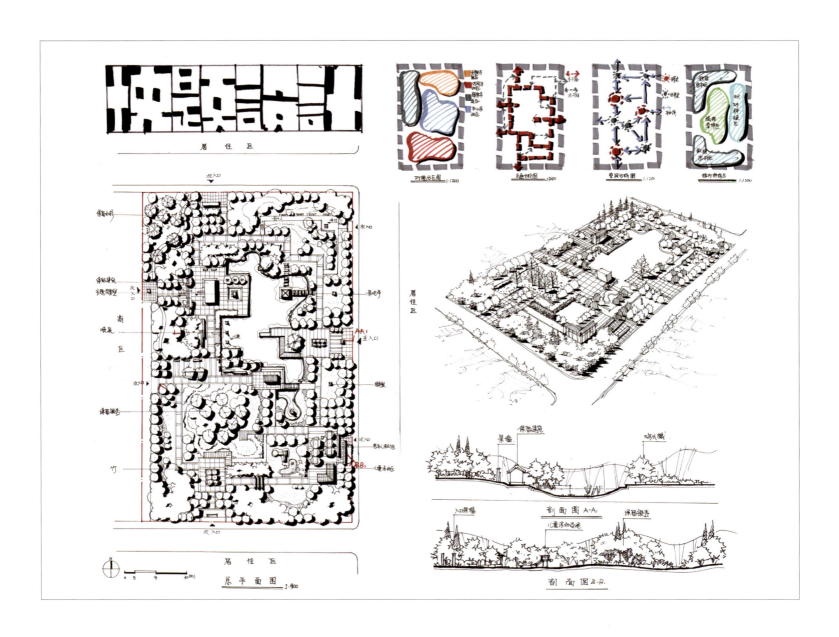

图纸信息	评语
姓名：李天星	这是丰富度较高的设计方案，在 1.5 公顷的场地内，考生设计了多个回环路，密度稍显过大。不过设计者对场地要素的把控很清晰，通过水面的引入和对保留银杏的再利用创造出南北一大一小的主要空间，差异化入口的视线控制从图面能清晰读出。种植设计疏密有致，树种画法对主次关系交代准确。稍显不足的是水边的设计节点过多。作为黑白线稿表达，线条清楚、明了、准确，线形纹样也反映了软硬差异、功能差异。分析图外框色彩略重，剖面图内容可适度加强，地形关系尚可，但方案未能准确反映设计的意图
用时：3 小时	
纸张：硫酸纸	
大小：A1	

7.3 文化休闲广场设计

题目来源： 同济大学 2009 年景观保研快题
考试时间： 3 小时

一、设计背景和要求

某小城市集中建设文化局、体育局、教育局、广电局、老干部局等办公建筑。在建筑群东侧设置文化休闲场所，安排市民活动的场地、绿地和设施。广场还建设了图书馆和影视厅。

文化休闲广场的具体内容可由设计人确定，需满足的要求如下：

1. 建筑群中部有玻璃覆盖公共通廊，该通廊是建筑群两侧公共空间的步行主要通道；

2. 建筑东侧的入口均为步行辅助入口，应与广场交通系统有机衔接；

3. 应有相对集中的广场，便于市民聚会锻炼及开展节庆活动等；

4. 场地和绿地结合，绿地面积（含水体面积）不小于广场总面积的 1/3；

5. 现状场地基本为平地，可考虑地形竖向上的适度变化；

6. 需布置 1 处面积约 50m² 的舞台，并有观演空间（观演空间固定或临时均可，观演空间和集中广场结合也可以）；

7. 在丰收路和跃进路上可设置机动车出入口，幸福路上不得设置；

8. 需布置 8 个地面机动车停车位，100 个自行车停车位；

9. 需布置 2 个 3m 见方（9m²）的服务亭；

10. 可以自定城市所在地区和文化特色，在设计中体现文化内涵，并通过图示和说明加以表达（比如某同学选择宁波余姚市，则可表现河姆渡文化、杨梅文化、市树市花内涵等）。

二、成果要求

1. 总平面图，比例为 1：500。

2. 局部剖面图，比例为 1：200。

3. 能表达设计意图的分析图或表现图（比例不限）。

4. 设计说明（字数不限）。

5. 将成果组织在 1 张 A1 图纸上，总平面图可集中表现广场及西侧建筑群轮廓，留出空间绘制分析图、剖面图、表现图及设计说明。

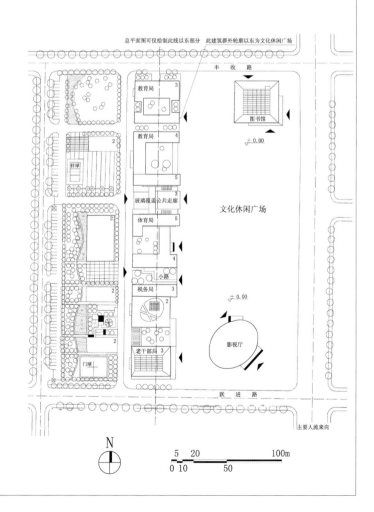

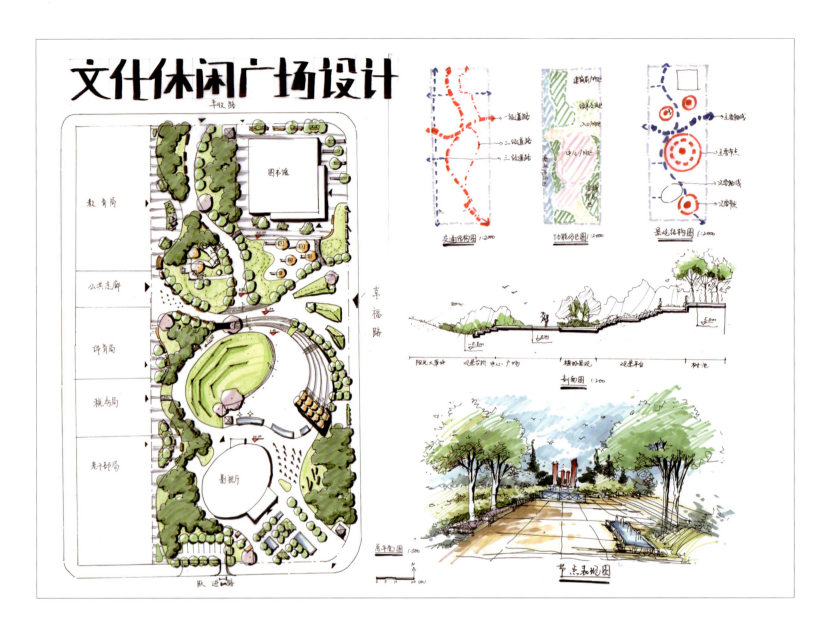

图纸信息	评语
姓名：杨晗	该题属于较难的题目。文化特征的表达、空间流线的组织、题目要求的满足是此题的几大难点。西侧公共建筑的辅助流线，图书馆、影视厅的流线，以及广场自身的流线，四种流线的交织往往会让设计者手足无措。此方案在流线组织上基本满足要求，不足之处在于行车流线的表达不够清晰。设计者对空间形态的把控相对成熟，对场地的竖向空间设计较为丰富。整体的暖色调图面统一和谐。方案存在的问题是对于舞台的表达不够准确清晰，在服务厅的表达上色彩不够强烈。分析图表达不准确，未能很好地表达设计的构想，剖面图也未能准确反映空间关系。方案设计不错，但分析、剖面的表达略显欠缺
用时：3小时	
纸张：硫酸纸	
大小：A1	

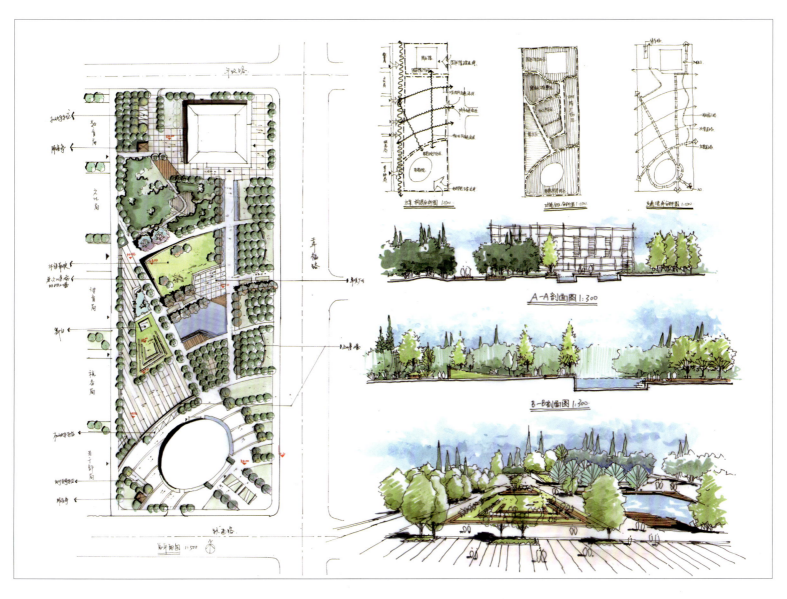

图纸信息	评语
姓名：谢珣	整体空间开敞大气、流线清晰、格局清晰、富有变化。虽有切割设计之嫌，但是在切割的基础上能通过空间的收放与退让，营造各类差异化空间类型，这一点是难能可贵的。考生对题目要求的诸多要素也能清晰表达，方案呈现的规模和位置相对准确、合理。植物的设计疏密有致，用部分植物的深化表达凸显空间，适度的竖向设计丰富了空间，各类流线的组织也较为合理。如果将主广场的位置向图幅的中心、重心位置靠拢，可能会更符合文化广场的传统范式
用时：3 小时	
纸张：硫酸纸	
大小：A1	

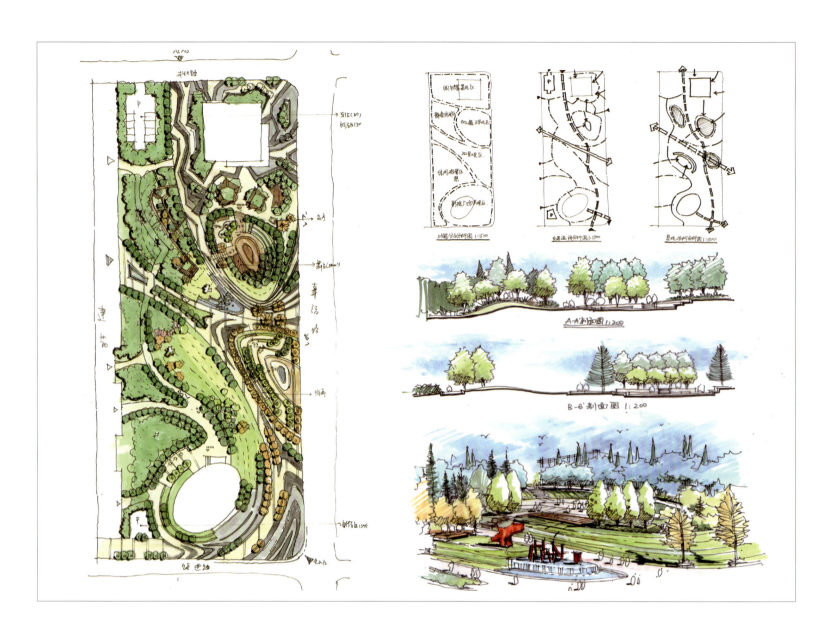

图纸信息	评语
姓名：马椿栋	此方案选择了不规则曲线的设计形式，容易抓人眼球，形式与空间表达较为一致，流线清晰。在功能的设计上结合景观特征的要素，辅以竖向高差，塑造了较多趣味的景观空间。如若建成，效果会较之一般的设计更有特征。图面色彩的控制对设计意图反映强烈，雕塑小品的位置可合理引导视线、丰富空间。存在的问题也有一些，如对于西侧的共建群体流线的组织未做单独处理，建筑的辅助入口与游憩路径联系过于紧密，不利于流线功能的分离
用时：3 小时	
纸张：硫酸纸	
大小：A1	

7.4 城市雕塑艺术中心广场景观规划设计

题目来源：同济大学模拟快题
考试时间：3 小时

一、基地概况

1. 下图所示为长三角某大都市城市雕塑艺术中心规划图。该城市雕塑艺术中心位于城市核心区，是一个基于城市工业遗产改造，同时被赋予新的城市机能的综合文化中心。为进一步提升项目总体品质，拟对该城市雕塑艺术中心广场进行景观设计。

2. 城市雕塑艺术中心广场为设计范围，面积为 1.6 公顷，地形平坦，标高基本与周围道路持平。

3. 图示广场西南侧道路为城市交通支路，道路红线宽度为 8m，双向两车道；该道路东南方向接宽度为 20m 的城市交通干道，西北方向步行 10 分钟至地铁站。

4. 图示围合广场的 U 形建筑群为两层的钢铁工业建筑改造，红砖外墙、高度 10m 左右。其中 A/B/C 区已改造完成，一层为雕塑艺术展示、二层引入各类画廊、艺术创作和艺术机构办公空间，以及与之配套的咖啡厅、酒吧等休闲空间；待改建建筑完成后以商业办公为主。由广场进入建筑的主要入口如图所示。

5. 图示整个城市雕塑艺术中心东北侧的道路为宽度 3m 的非机动车道，规划拓宽为 8m 的机动车道，双向两车道。

二、设计要求

1. 强调外部空间形态、风格上与周围建筑的协调性和整体性，并采用适当的方式体现广场的社会效益、生态效益；

2. 充分考虑周边建筑的不同功能和特点，视线建筑室内空间、功能向室外的延伸；

3. 广场需提供 20 个公共停车位。

三、成果要求

1. 景观设计总平面图，比例为 1：500。
2. 各类分析图（功能组织、交通流线和景观结构等）2 个，可合并表达，比例自定。
3. 主要重点区剖立面图，比例为 1：200。
4. 广场局部透视效果图。
5. 约 100 字的设计说明及经济技术指标。

所有成果均以钢笔淡彩形式表达在 1～2 张 A1 硫酸纸上。

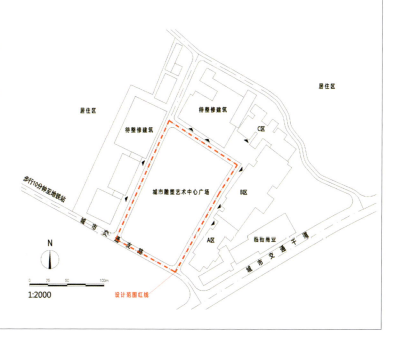

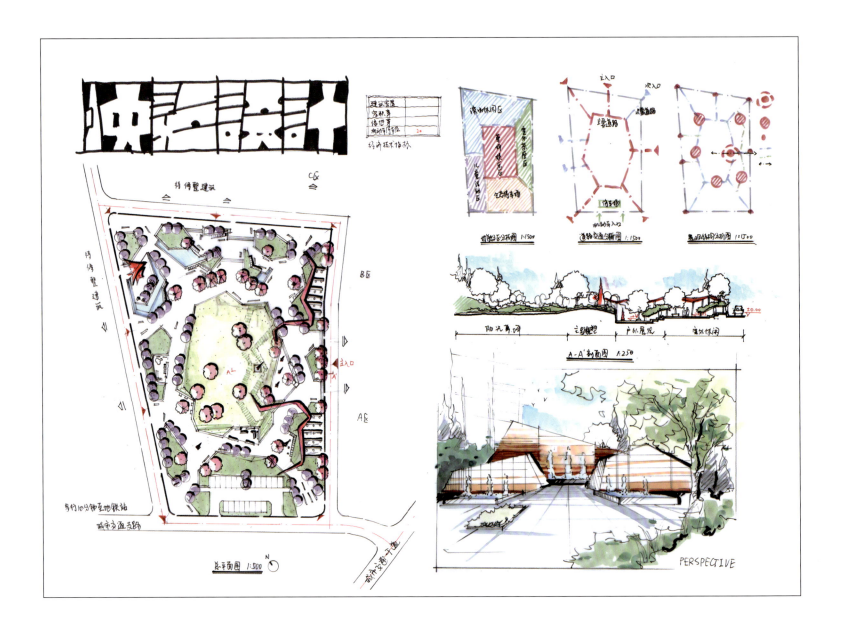

图纸信息	评语
姓名：梁竞	雕塑艺术广场是一类比较特殊的广场，同时考虑到这个题目所处的环境并不存在大量的瞬时人流，所以硬质空间的比例未必需要像常规广场一样有一半甚至更多的硬质空间。此方案在对场地的判断上有自己的见解，设计的风格趋于自由灵活，通过流线的分组退让，小尺度空间要素的加入让整个画面空间变得非常有趣，是一个比较宜人的空间设计。空间联系的对接也充分考虑了周边的场地关系，力求简化周边的每一个流线关系。各类雕塑小品的表达在主题上与题目呼应。方案的不足之处则在于整体的种植密度太低，导致部分季节的不可用性。两个红色的钢构物在形式上与方案的关联太弱，有叠加之嫌。水景的布局可以与主要入口的视线形成呼应
用时：3小时	
纸张：硫酸纸	
大小：A1	

图纸信息	评语
姓名：朱凌	这是一个较有艺术感的设计方案，色彩、构图都和传统的设计有着鲜明的差别。以几个大小不一的椭圆形通过不同空间的塑造来保持方案的整体性与差异性。外密内疏的空间格局使得图面富有冲击力，植物种植的一致导向性更加强了方案的个性，看似随意的种植其实对整个空间合情合理的把控。红色的自由曲线构架在打破了原本多椭圆的平面构成单调性的同时，也强化了整体的空间趋势，可以说这是个不错的设计方案。不足之处在于停车场的画法不够严谨，应对流线分析加以提炼，避免走势过乱。剖面图与透视图表明了设计主题是正确的，只是透视图的关系不够严谨、画面不够饱满丰富
用时：3小时	
纸张：硫酸纸	
大小：A1	

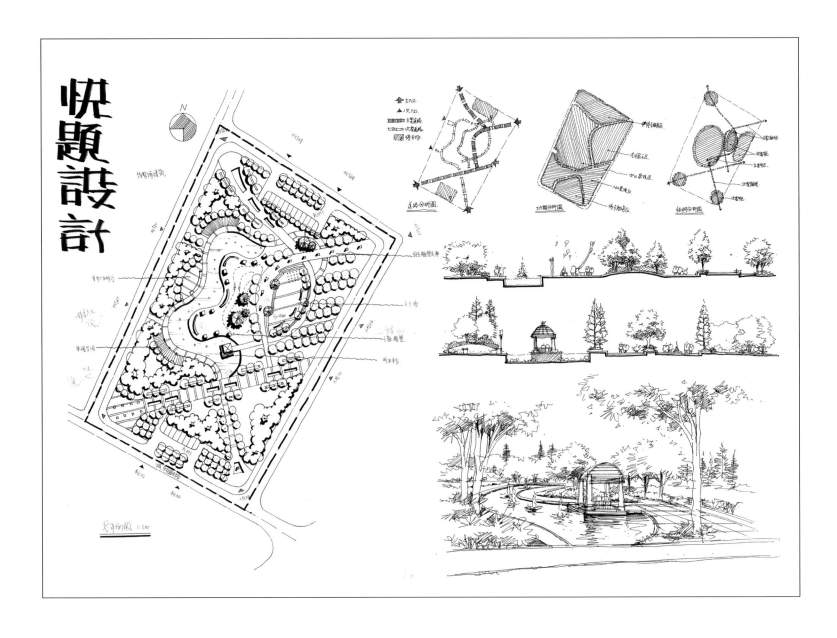

图纸信息	评语
姓名：张璐 用时：3小时 纸张：绘图纸 大小：A1	以几条顺畅曲线组织的流线关系，在围合出广场的同时也界定了内外空间，主入口的选择与场地的人流来向、密度一致，是一个较为不错的设计方案。东西两侧差异化的空间设计，为周边建筑空间的室外延伸提供可能。不足之处是中心开敞空间的要素过多，使得主广场与中心空间缺乏互动。场地的规模较小，在偏现代风格的水系中加入四角亭会存在少许风格上的冲突。停车位设置在南、北入口处可减少车流对场地的分割。单纯黑白线稿表达疏密合理，部分雕塑的体量可适度缩小，以此来更好地匹配场地规模。雕塑在类型上可以做出对应不同类型空间的匹配变化

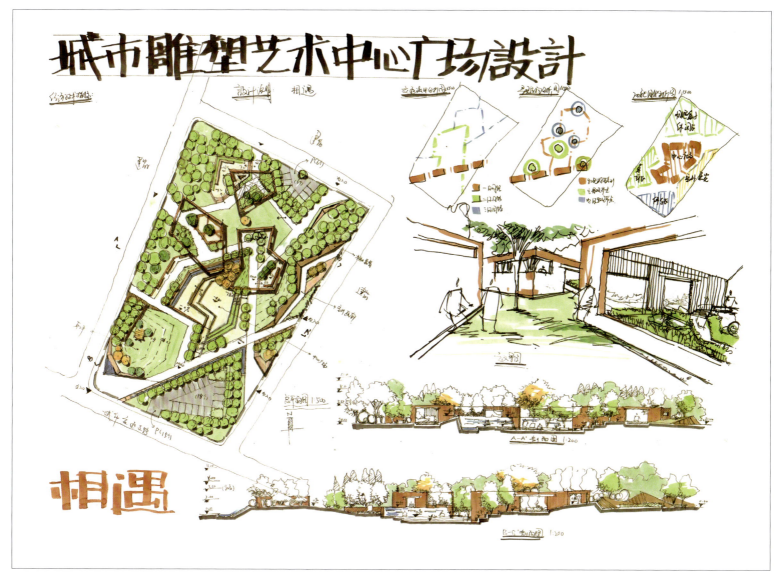

图纸信息	评语
姓名：马椿栋	设计者在做快速设计时往往会借鉴一些其他案例，这个方案应该是作者基于其他成熟方案的解构、重构。同时方案关于场地的关系表达准确，入口处空间造型有特殊设计，水池和斜坡耐候钢面都是较为时尚的设计风格。方案为场地西侧的雕塑艺术作坊提供多功能的室外空间；下沉的中心广场界定清晰，周边的景观要素丰富。不足之处在于中心广场与外部空间的互动略微缺之，需要进一步加强空间互动，三组极具个性的彩色钢构架丰富了图面与空间。整个图面无论是平面、剖面、透视都采用一个系列的色彩，便于整体图面的控制，这不失为一个较好的策略。分析图绘制略显粗放，未能准确表达设计。透视图的透视关系不够准确，也显得粗糙。剖面图的绘制颇有空间感，是不错的表达
用时：3小时	
纸张：硫酸纸	
大小：A1	

7.5 某石灰窑改造公园设计

题目来源：同济大学 2011 年景观保研试题
考试时间：3 小时

一、现状情况

用地位于江南某小城市近郊，距城市中心仅 10 分钟车程，基地三面环山，东侧有面向高速公路的开口，总面积约 2.3 公顷。基地分为上下两层台地，4 座窑体贴着山崖耸立。下层台地有 3 座建筑，两个池塘。上层为工作场坪，有机动车道可供车辆从南侧上山。

生产流程是卡车拉来石灰石送到上层平台。将一层石灰石、一层煤，间隔着从顶部加入窑内。之后从窑底点火鼓风，让间隔在石灰石之间的煤层燃烧，最终石灰石爆裂成石灰粉，从窑底运出。目前该石灰窑已经被政府关停，改造为免费的、开放型的公园。

二、设计要求

该公园主要为了满足市民近郊户外休闲的需求，以游憩、观景为主，适当辅以其他休闲功能。建筑、道路、水体、绿地的布局和指标没有具体限制，但绿地率应较高。原有建筑均可拆除，保留窑体。宜在上下台地各设置 1 座小型服务建筑（面积为 30~50m²），各配备 5 个小型车停车位。下层台地还应考虑从二级公路进入的入口景观效果，设置一座卫生间（面积 40m²）及自行车停车场等。

应策划并规划使用功能、生态绿化、视觉景观、历史文化等方面内容，设计方案应实用、美观、大方。

三、成果要求

A3 图纸若干（强调方案构思和黑白图示表达），包括：

1. 总平面图，比例为 1：700。
2. 分析图（内容自定）。
3. 文字说明（字数不限）。
4. 其他平面图、立面图、剖面图、小透视图（数量不限，能表达设计意图即可）。

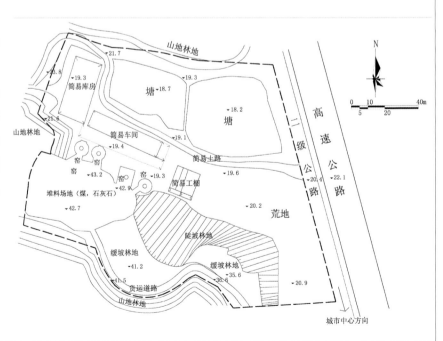

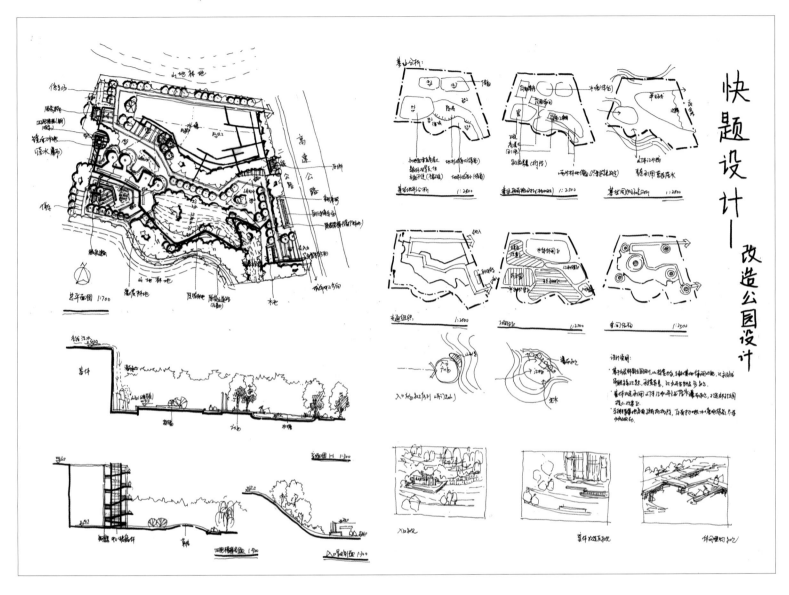

图纸信息	评语
姓名：王晓琦	擅长表达的方案比要素丰富的方案更胜一筹，该方案在设计的形态上采取了实用主义的思路，方案相对简洁，但是不影响整体的合理性，考生对题目要求的理解也较为深刻。更可贵的是考生通过一系列的设计分析，阐释自己的设计构想，对场地要素（如植被、地形、简易建筑）的理解准确清晰，对几个重要区域的设计通过简图的形式表达设计构想，虽然稍显简陋，但是能反映出对场地的理解和本题重点的把控。不足之处在于方案的部分道路不应用粗黑线画，存在较大的反差，下层台地的交通体系构建不构成体系
用时：3 小时	
纸张：硫酸纸	
大小：A3	

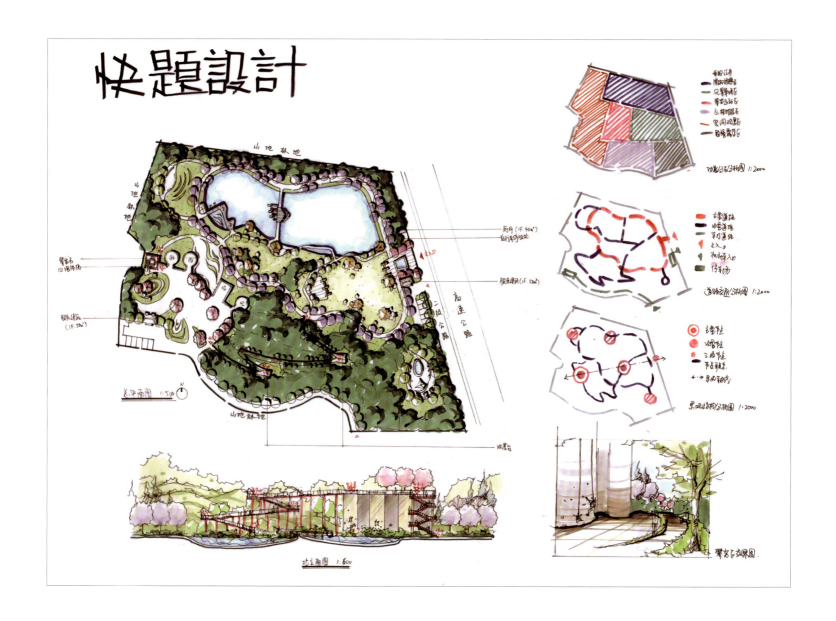

图纸信息	评语
姓名：梁竞	石灰窑公园的设计存在一定的特殊性，不像传统的公园设计一般。此题的难度也高于一般快题，与其说是快题，不如说方案更像个需要一定分析能力的设计。复杂的现状会让设计者存在一定的不适应，如何准确地表达方案的合理性、宜地性恰恰是方案的难点之一，并非按传统套路的设计来完成一个公园。而郊野公园的特征也是本题的另一大难点，准确的竖向设计是本题难点之三。解决了以上的三大难点，便可以成就一个好的快速设计。该方案设计看似平淡，恰恰在以上的三点上都做的非常合理准确，好的设计未必是靠花哨、丰富取胜。剖面图尤为成功，在空间上相对准确的交代了竖向关系，色彩淡雅宜人
用时：3小时	
纸张：硫酸纸	
大小：A3	

7.6 城市开放空间设计

题目来源：华中农业大学 2011 年风景园林硕士研究生入学考试
考试时间：6 小时

华中某旅游城市滨水区域，结合旧城改造工程拆出了一块约 4.2 公顷的地块（附图 1 中的深色地块），拟规划建设成公共开敞空间，以重新焕发和提升滨水区的活力，并满足城市居民的游憩、赏景及文化休闲等需求。

一、设计要求

1. 场地是由胜利东路、湘西路、环城东路三条道路及东湖围合的区域，总面积约为 4.2 公顷（不含人行道），场地详见附图 2。

2. 场地内西南角为保留的历史建筑（主楼 4 层、附楼 2 层），属文物保护单位，先用作城市博物馆，建筑呈院落围合，墙面为清水砖墙，屋顶为深灰色坡顶。设计时候既要满足建筑保护的要求，又应将该历史建筑作为该开放空间的重要人文景观。

3. 场地西北角有几棵古银杏，临东湖边有一片水杉林，设计时应予以保留并加以利用。

4. 该开放空间应兼具广场与公园的功能，为保证中心区的绿色率，设计时要求绿化用地不少于总面积的 60%。

5. 场地内高差较大，应科学处理场地内外的高程关系；出于造景和交通组织的需求，允许对场地内地形进行必要的改造；合理组织场地内外的交通关系，并考虑无障碍设计。

6. 考虑到场地周边公共建筑及卫生服务设计的缺乏，场地内须布置一座 120m² 的卫生间，其他建筑、构筑物或小品可自行安排。

7. 考虑静态交通需求，整个场地的停车结合博物馆的停车需求一起布置，总共规划 12 个小车停车位。

二、成果要求

根据设计任务，按规范要求自定设计成果（内容、数量、比例均自定）。

但所有成果要求布置在 900mm×600mm 图幅的纸张上（拷贝纸除外，图纸张数自定），表现方式可以为除铅笔素描外的任何表现手法。

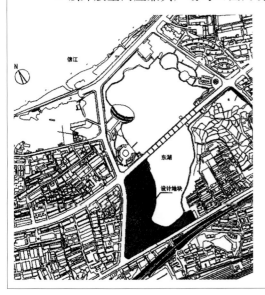
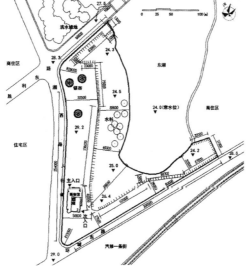
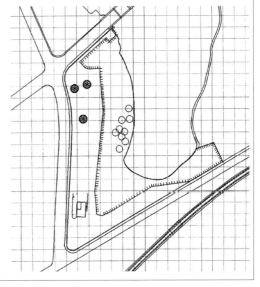

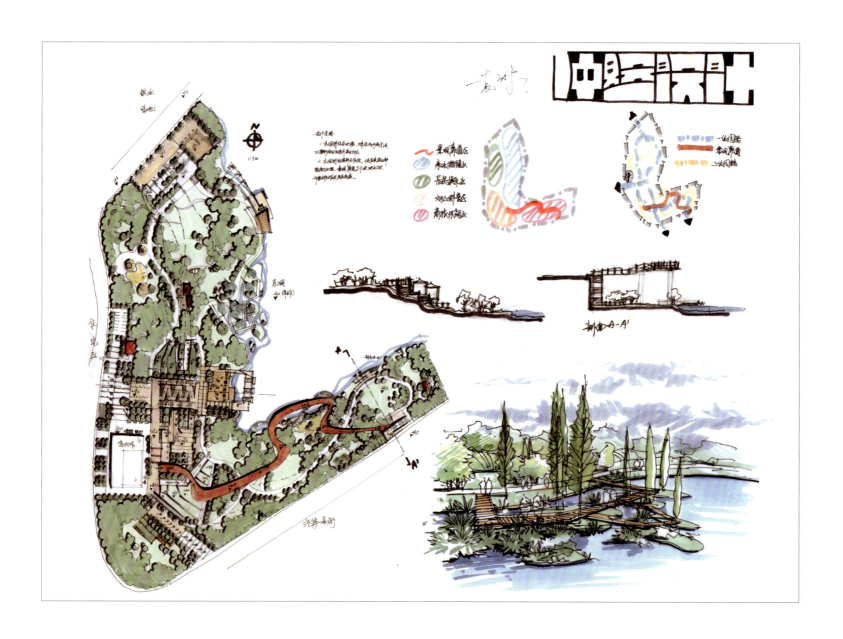

图纸信息	评语
姓名：袁琳	这是一个胆大的设计方案。对竖向空间不逃避，更多地利用积极做法。地形改造采用了多样的方式，残坡与台阶、地形的结合，顺势而为，部分区域的地形存在过陡的情况。滨水空间的设计也多元、丰富且不夸张，红色空中廊道利用了上、下层台地约4m的高差，形成眺望景观。不足之处在于廊道的宽度过大，应适当减窄。植物的设计上未能形成与滨水互动的空间关系，仅仅自顾自地考虑了沿路空间的视觉变化。剖面图的表达过于简陋，不足以准确反映场地地形，不足以清楚表达设计意图。应在垂直滨水方向大量绘制，强化方案特色。整体的色彩相对沉稳，美观度尚可提高
用时：6小时	
纸张：硫酸纸	
大小：A1	

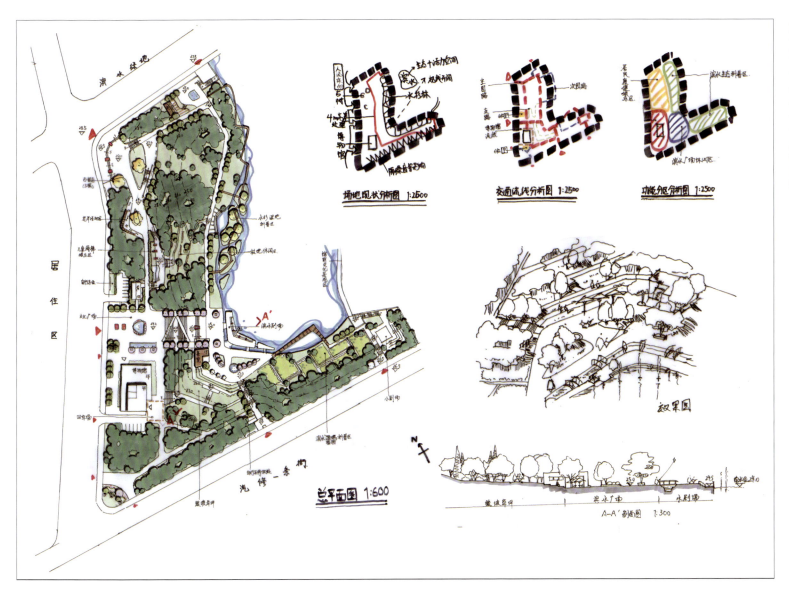

图纸信息	评语
姓名：马珂	这是个不错的设计方案，博物馆的流线分合有致，场地设计自由合理。两层台地设计下的方案，上层通达、流线清楚，结构合理。滨水区域以现有的条件，可以适度考虑岸线调整，增加滨水空间体验，有硬质的广场、自由的生态小岛，与水岸若即若离的亲水栈道，滨水空间的趣味性与多样性值得借鉴。设计的不足之处在于对于地形的利用，应该更有机地利用4m的高差，而不仅仅以自然坡地的形式呈现。分析图的绘制外廓用色太沉，以致重点不突出。透视图与剖面图的绘制能相对清楚地反应方案构想。考生对于整体场地的布局和设计整体把控合理，方案标注清楚，张弛有度，色彩的表达对重点区域加强了刻画
用时：6小时	
纸张：硫酸纸	
大小：A1	

图纸信息	评语
姓名：王炜玮	滨湖景观绿地的设计往往包含相对复杂的竖向与滨水水文条件，此题的水文条件相对简单，难在场地内的竖向设计，如何厘清长条形的空间组织的关系，如何突出空间开合的滨水的特质。方案的空间疏密相对合理，将活动性的空间置于上层台地，将下层台地打造成滨水的生态游憩空间是整体格局的一大特色。不足之处在于滨水的可达性稍显不足，未能考虑与北侧绿地的交通便捷衔接，博物馆的分流线设计未能准确表达，湖岸的再设计富有趣味，可适度增加些许亲水中尺度空间。色彩饱满丰富、变化细腻，保留植物突出，将不同类型的保留植物在色彩画法上加以区分会更佳
用时：6小时	
纸张：硫酸纸	
大小：A1	

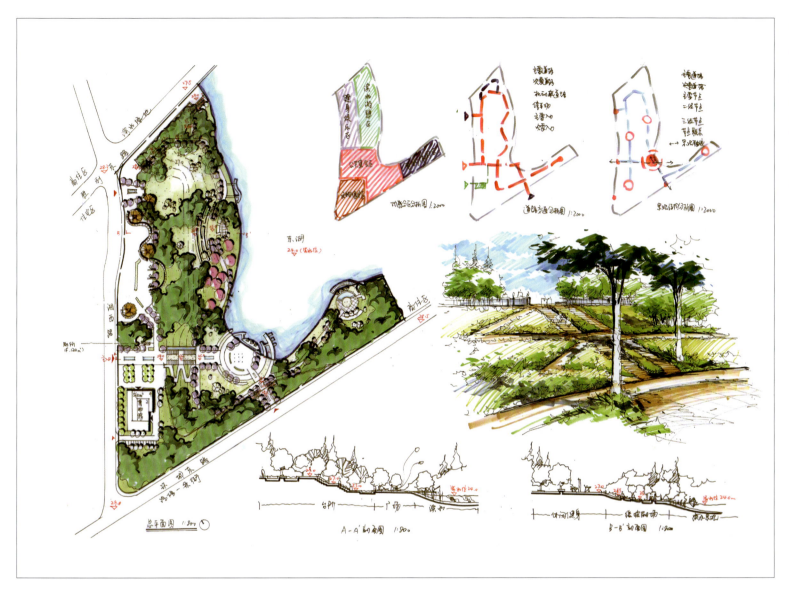

图纸信息	评语
姓名：梁竞 用时：6小时 纸张：硫酸纸 大小：A1	竖向设计的清晰表达是本方案的一大优势，也是题目的重要考察方面。对沿路侧台地及滨水侧台地采取了两种不同的设计手法，沿路侧台地强调空间的可用性与集聚意义，滨水侧台地则强调了差异的滨水空间体验，滨水空间的可达性尚可，实用性仍需加强。不足之处在于上层台地设计过于简单，应通过功能构想来深化景观要素，反映多元功能，如健康运动、儿童活动、老人活动等，甚至加入部分茶室休闲功能也未尝不可。植物设计能反映出滨水的关系，但是过于单调，考生忘记绘制部分植物阴影。水岸的设计过于保守，基于已有的水文条件，适度的改造与造景应该在可接受范围内

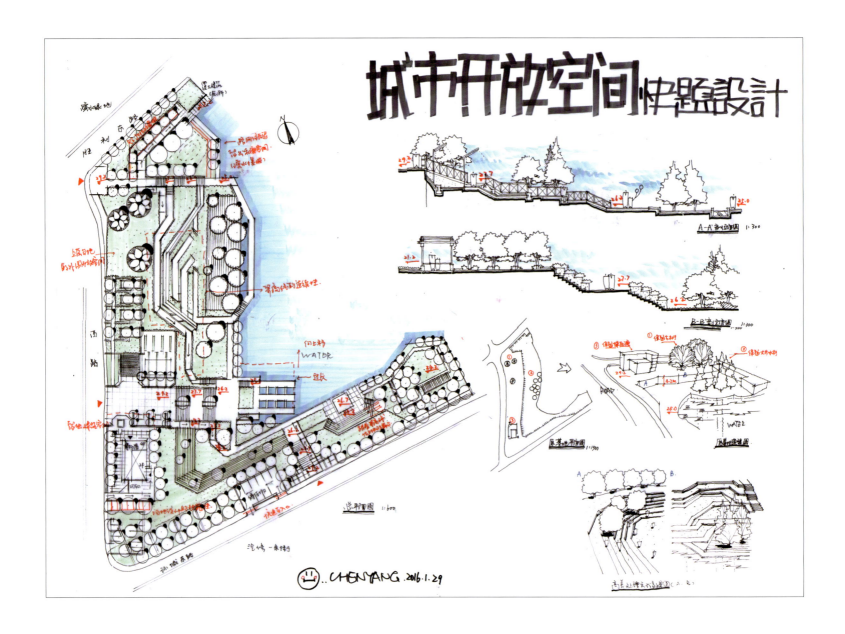

图纸信息	评语
姓名：陈杨	从滨水开放空间的关系看，方案的整体格局与主题较为匹配，指向滨水的空间轴线反映出强烈的亲水意图，反映出对场地形状的流线考量。同时方案在场地内的竖向关系的表达上清楚、明了，设计者具有较好的设计素养。陡坎的改造富有空间变化，软、硬质空间相结合，对现状保留物作充分利用，大格局上的疏密也符合城市与滨水空间的人群密度。剖面图准确反映了空间设计构想，整体来说是一个不错的设计方案。不足之处在于滨水空间设计部分略微脱离现实，入水太多且意义不大。版面排制需要进一步优化
用时：6小时	
纸张：硫酸纸	
大小：A1	

7.7 某滨水开放性公共绿地规划设计

题目来源：同济大学 2014 年风景园林保研真题

时间：3 小时

一、基地现状

基地北侧绿地面积为 8685m²，南侧面积为 23 139m²，基地总面积为 31 824m²，基地现状为平地，场地标高为 4.70m（绝对标高）。

二、设计要求

1. 100 个地下与地面机动车车位（比例自定）。
2. 100 个非机动车车位（地上、地下自定）。
3. 南北联系步行桥。
4. 2500m² 商业设施（小型便民商业设施、餐饮）。
5. 绿地率应大于总面积的 50%。

三、成果要求

1. 结构分析图，比例为 1∶1000～1∶1500；功能、空间组织、交通组织、绿化布局、游线及设施布局图。
2. 总平面图 1 张，比例为 1∶500。
3. 剖面图 2 张，比例为 1∶100～1∶200。
4. 设计说明。
5. 经济技术指标与用地平衡表。

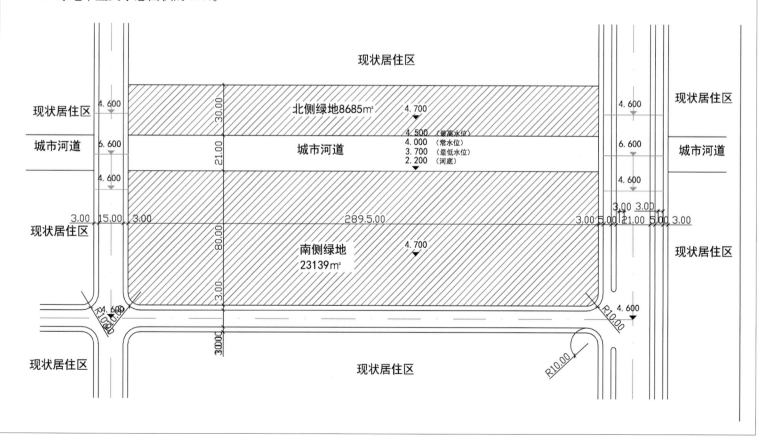

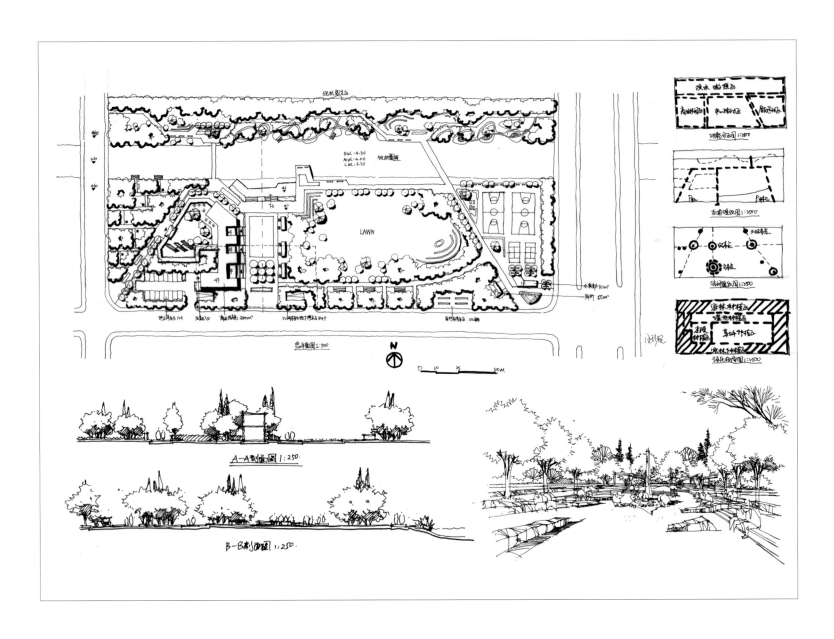

图纸信息	评语
姓名：伍珍妮 用时：3小时 纸张：硫酸纸 大小：A1	这是一个疏密有致、功能分区明确的设计方案，滨水空间具有较强的可达性是方案的特色，自然与硬质结合的驳岸设计是考生对滨水空间较好的认识的体现，考生在高差不大的情况下也做了些许亲水设计。南北向主要空间一侧布局建筑也是一种不错的方法，但是商业建筑层数不足以支撑4层，应为1层至2层，可以局部3层4层。中心草坪东侧的观演空间结合竖向设计更为好些。西侧、南侧对外出入小口的数量可适度减少。地下车库范围线的位置不应紧邻城市道路，应该有所退让，面积也稍显不足。沿河道设计湿地，从常规工程的角度考虑可能欠妥，但随着生态观念的加强，也许这类设计也会变得合理常见。为了能更好地表达方案的特征，应深化设计分析图，准确反映方案的特点与优势。总体上是较为不错的设计方案

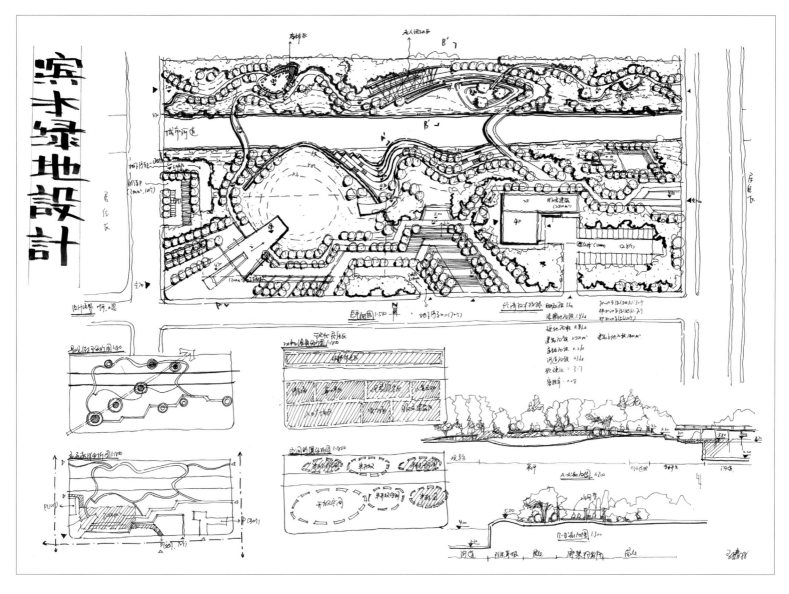

图纸信息	评语
姓名：马椿栋	带形滨水绿地的设计有一定困难。设计者能抓住滨水公共绿地的特质，在狭长的空间中做出整体性如此强的方案，实属不易。类似钟摆线的设计手法容易吸引眼球，不熟练的设计者容易使方案凌乱，好在该图的设计节奏合理，空间格局清晰，路侧空间开合有致，空间富有变化，水侧空间更是契合特质，植物设计疏密清晰，并且与水体取得互动。从形式感与空间感来判断，该方案属于较好的方案。不足之处在于未考虑河道两侧桥坡关系，部分入口设计不合理；题目要求的 2500m² 商业建筑的布局过于内向，从建筑形式反映建筑功能的角度看形态未能准确反映题目的需求。表现上手法成熟，剖面图尚可，但分析图的绘制不够准确清晰
用时：3 小时	
纸张：硫酸纸	
大小：A1	

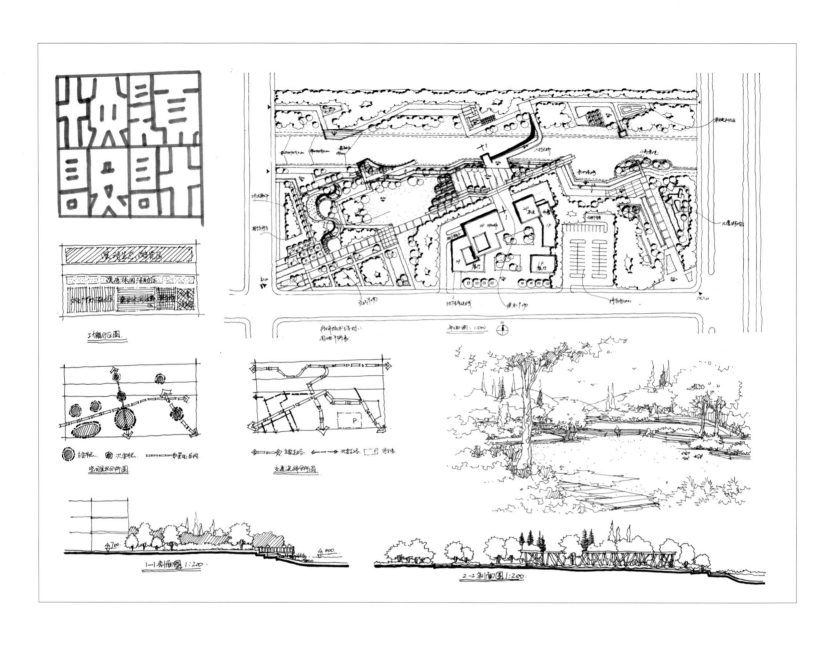

图纸信息	评语
姓名：方帅	看似规则简单的设计，细看内容较为丰富，对题目要求的内容都作出对应，对应的布局也恰到好处。首先建筑的布局形式与位置具有一定的合理性，街区组合式商业建筑群避免了单一的大体量，也保证了空间的可进入性；从设施等布局可以看出考生的基础非常扎实。停车场画法准确合理，增加一个出入口会更方便使用。空间设计开合有致，看似简单的设计形式选择，实则平面能反映一定的功能特征，表达、设计都具有较多耐看之处。不足之处在于桥的流线过于迂回，部分入口的设置未能与城市道路取得竖向衔接；剖面图绘制过于粗糙，无任何趣味性、准确性。快题设计几个字写法建议采用工整的方式，或者粗细均匀的写法
用时：3小时	
纸张：硫酸纸	
大小：A1	

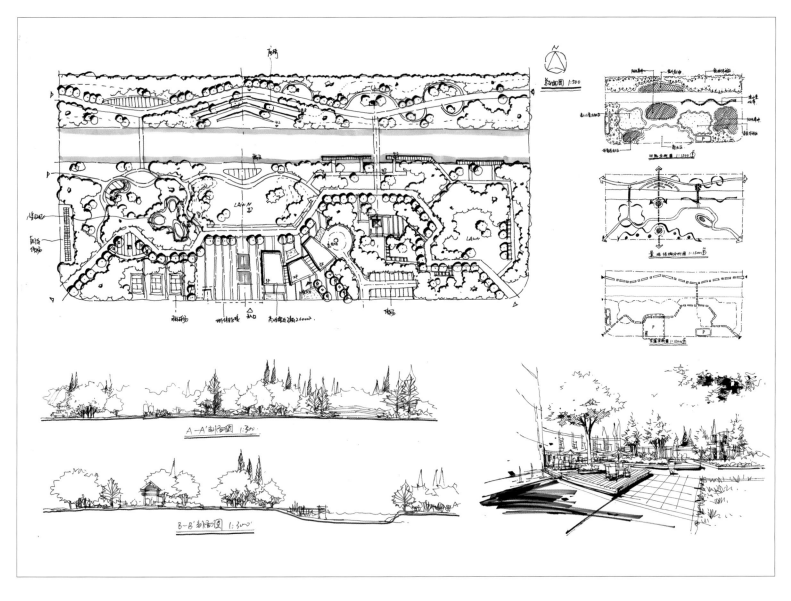

图纸信息	评语
作者：王晓琦	折线的设计形式在丰富性上优于单纯直线，再结合一些曲线形式，使方案在组合关系、空间开合上发挥了两种形式的特征，并且主次分明。基于对周边场地环境及自身的定位，方案在功能上的考虑也相对合理，有相对开敞的空间集聚，也具有具有特征的儿童、休闲、运动、交流等功能。建筑结合主广场，充分考虑了后勤流线，建筑量稍显不足。自行车停车空间过分集中，不利于使用。河道北侧的空间可适度表达部分特殊功能。应加强植物造景的作用及图面表达。滨水入河道的栈道实则意义不大，倒是可以考虑适度地局部扩大水面，丰富滨水空间的多样性，总平面的人行道、外环境也应该适度表达。地下车库范围线不正确，地下车库入口长度不足
用时：3小时	
纸张：硫酸纸	
大小：A1	

7.8 滨水公园设计

题目来源：北京林业大学 2006 年风景园林真题

时间：6 小时

华北地区某城市市中心有一面积 60 公顷的湖面，周围环以湖滨绿地，整个区域视线开阔，景观优美。近期拟对某湖滨公园的核心区进行改造设计。该区位于湖面的南部，范围如图，面积约 6.8 公顷。核心区南临城市主干道，东西两侧与其他湖滨绿带相连，游人可沿道路进入，西南端楼主出入口，为现代建筑，不须改造。主出入口两侧（在给定图之外）与公交车站和公园停车场相邻，是游人主要来向。用地内部地形有一定变化（如图所示）。一条为湖体补水的引水渠自南部穿越，为湖体常年补水。渠北有两栋古建需保留。区内道路损坏严重，需重建。植被长势较差，不需保留。

一、内容需求

1. 核心区用地性质为公园用地，建设应符合现代城市建设和发展的需求，将其建设成为生态健全、景观优美、充满活力的户外公共活动空间。为满足该市居民日常休闲活动服务，该区域为开放式管理，不收门票。

希望考生在充分分析现状装饰的前提下，提出具有创造性的规划方案。

2. 区内休憩、服务、管理建筑和设施参考《公园设计规范》的要求设施。

区域内绿地面积应大于陆地面积的 70%，园路及铺装场地面积控制在陆地面积的 8%～18%。管理建筑应小于总用地面积的 1.5%，游览、休息、服务、公共建筑应小于总用地面积的 5.5%。

除其他休息、服务建筑外，原有的两栋古建面积一栋为 $60m^2$，另一栋为 $20m^2$，希望考生将其扩建为一处总建筑面积（包括这两栋建筑）为 $300m^2$ 左右的茶室（包括景观建筑等楼层建筑面积，其中室内茶室面积不小于 $160m^2$）。此项工作包括两部分内容：茶室建筑布局和为茶室创造特色环境，在总体规划图中完成。

3. 设计风格、形式不限。设计应考虑区域在空间尺度、形态特征上与开阔湖面的关联，并具有一定特色。地形与水体均可根据需要决定是否改造、道路是否改线，无硬性要求。湖体常水位高程 43.2m，现状驳岸高程 43.7m，引水渠常水位高程 46.4m，水位基本恒定，渠水可引用。

4. 为形成良好的植被景观，需选择适应植栽地段立地条件的适生植物。要求完成整个区域的种植规划，并以文字在分析图中概括说明（不需要图示表达），不需列植物名录，规划总图只需反映植被类型（指乔木、灌木、草木、常绿或阔叶等）和种植类型。

二、成果要求

考生提交的答卷为 3 张图纸，图幅均为 A3，纸张类型、表现方式不限，满分 150 分，具体内容如下：

1. 核心区总体规划图，比例为 1：1000（80分）；
2. 分析图（20分）；

①考生应对规划设想、空间类型、景观特点和视线关系等内容，利用符号语言，结合文字说明，图示表达，分析图比例不限，图中无需具象形态。

②此图实为一张图示说明书，考生可不拘泥于上述具体要求，自行发挥，只要能表达设计特色即可。

植被规划说明应书写在此页图中

3. 效果图两张（50分）。

请在一张 A3 图纸中完成，如为透视图，请标注视点位置及视线方向。

三、湖面水位情况

常水位 14.14m，枯水期（11月至次年3月）水位 11.03m，丰水期水位 15.60m，当地防洪标准为 16.50m。

四、公园周边城市道路情况

南侧道路为城市干道，红线宽度 40m，其中车行道宽度为 29m（机动车道为 7.5m+7.5m，机非分隔带为 2m+2m，分机动车道 5m+5m），两侧各 5.5m 人行道。公园南路为城市干道，红线宽度 30m。河西路为城市支路，红线宽度 20m，河北路为城市支路，红线宽度 24m。

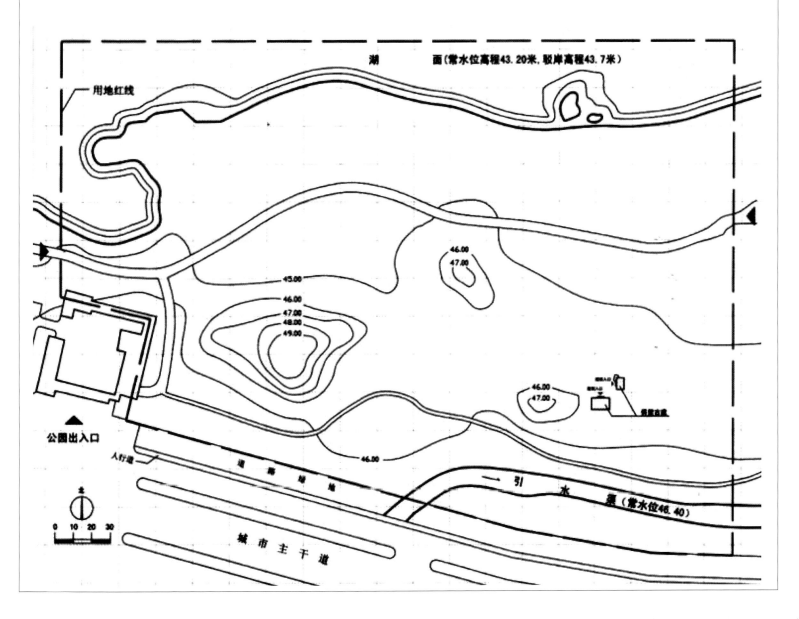

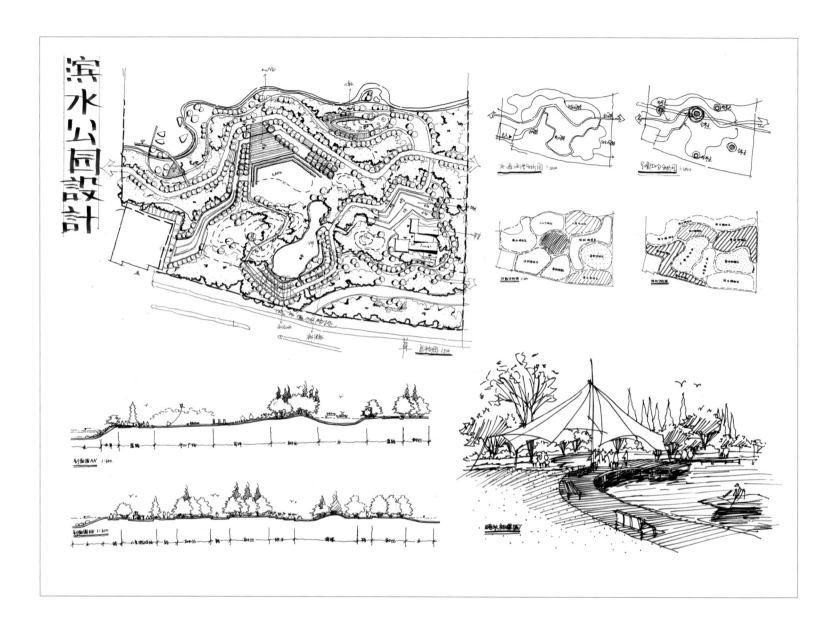

图纸信息	评语
姓名：马椿栋	方案选择了折线肌理式的整体形态，图面个性较强，表现手法也颇为成熟。图面秩序感极强，表达也洒脱不羁。在流线组织方面可以适度加强方案自身的整体完整性，尽可能建立一定体系的交通关系。新建建筑的体量应尽量和保留建筑取得协调，避免对比过于突兀。突出流线的手法会弱化功能空间的表达，因此对功能空间的刻画需要再加强，而考生对于渠湖相接的可能性未做探讨，似乎有避重就轻之嫌。滨湖空间与主路存在过分分离的情况，应该在工程和理性的前提下保证主路与湖面的视线穿透
用时：6小时	
纸张：绘图纸	
大小：A1	

图纸信息	评语
姓名：李杰	滨水公园北湖南渠，应借水系高差关系结合造景与公园是方案的特色，方案的流线组织较好地呼应了原有的入口，并构建了相对实用的环路主线，但选线应该更多考虑与现有的湖岸水景观空间的结合，北侧园路明显太内向。扩出新设计的水系空间节奏合理，走势尚可多变些。沿水岸空间的各类功能空间也各有差异，各有意图。公园整体的功能节点节奏清楚，疏密有秩。中心开敞空间位置尚可，但是可达性需要提高些。地形设计也可以结合水系的开挖做到土方平衡的堆叠。保留建筑与新建组成院落面向水面是较好的处理方法
用时：6小时	
纸张：绘图纸	
大小：A1	

7.9 某滨水公园规划设计

题目来源： 同济大学 2007 年风景园林复试真题（回忆版）
时间： 6 小时

我国北方（秦岭淮河以北）中小型商贸与轻工业城市同济市，新时期面临新的发展机遇，政府已经将创建"国家园林城市"列入近期市政计划，城市总体规划修编在即，地方政府委托专业机构进行城市总体规划和重点地区详细设计。现假设你是该机构成员，由你来负责绿地景观部分专项规划和滨河公园的设计草案工作，要求在6小时内完成以下工作内容：

一、规划范围内（25km²）的绿地系统布局草案

1. 要求结合城市用地现状，构建具有鲜明的城市景观形象、良好的自然生态环境及满足广大市民游憩需要的城市绿地系统。

2. 成果要求：图纸及必要的文字说明（字数不限，以表达清楚为准）。

3. 图纸包括总体布局图、相关分析图，比例不限。

二、对滨河公园（20公顷，其中水面7公顷）进行景观详细设计

1. 基地本身为公园和苗圃，有民国时期保护建筑1座，古井一口，以及若干古树。现有公园中的游戏设施已经陈旧破败，不能满足群众使用的需要。要求考虑地方的气候与自然特征，塑造一处满足市民需求的综合公园。特别的，滨河公园为同济市建置百年庆典的主会场，请规划设计时要考虑满足庆典的需求，并考虑平时的利用。

2. 成果要求：图纸与说明文字（字数不限，以表达清楚为准）

3. 图纸包括：总平面图、竖向规划图、植被规划图、断面图、剖面图、鸟瞰图及其他表达设计意图的分析图、表现图等。以上图纸，总平面图要求比例为1∶1000，鸟瞰图要求不小于594mm×420mm，其余图纸比例和大小均不限，以能够清楚表达设计意图为准。

附：

1. 同济市气象资料：同济市总体上属温带季风气候区，兼有海洋性气候特点。

气温：历年平均气温为12℃，极端高温38.7℃，极端低温-18.6℃。历年平均冰冻日数为80.85日，最早冰冻发生于10月23日，最晚解冻日发生在4月14日。历年平均冻土深度30.15cm，最大冻深62cm。历年平均无霜期自东向西196～234日不等。

日照：历年平均日照时数为2726小时，日照率62%

降水：年均612mm，最大降水量1400.3mm，最小420.3mm。历年平均降雪深度7.8cm，最大雪深15cm。降雪一般发生在于12月至次月3月。

风：常年盛行风向为南风至西南风，其次为西南风和北风至东北风。年平均风速4.9m/s。各月平均风速以3月最强，为5.6m/s，9月最弱，为4.1m/s。

湿度：历年平均相对湿度69%，最高82%（7～8月），最低58%（3月）。历年最低湿度为1%。

气压：历年平均气压为1014.1mPa，平均最高月气压1023.9 mPa（1月），平均最低月气压1001.2 mPa（7月）。

2.同济河水位情况：常水位14.14m，枯水期（11月至次年3月）水位11.03m，丰水期水位15.60m，当地防洪标准为16.50m。

3.公园周边城市道路情况：

同济路为城市干道，红线宽度40m，其中车行道宽度为29m（机动车道为7.5m+7.5m，机非分隔带为2m+2m，分机动车道为5m+5m），两侧各5.5m人行道。公园南路为城市干道，红线宽度30m。河西路为城市支路，红线宽度20m；河北路为城市支路，红线宽度24m。

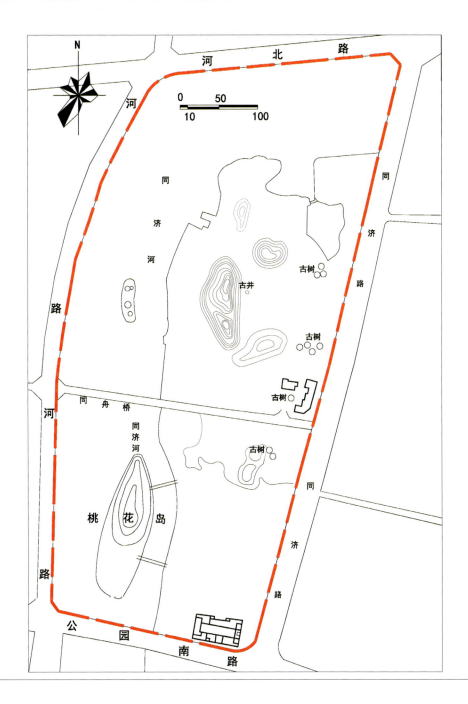

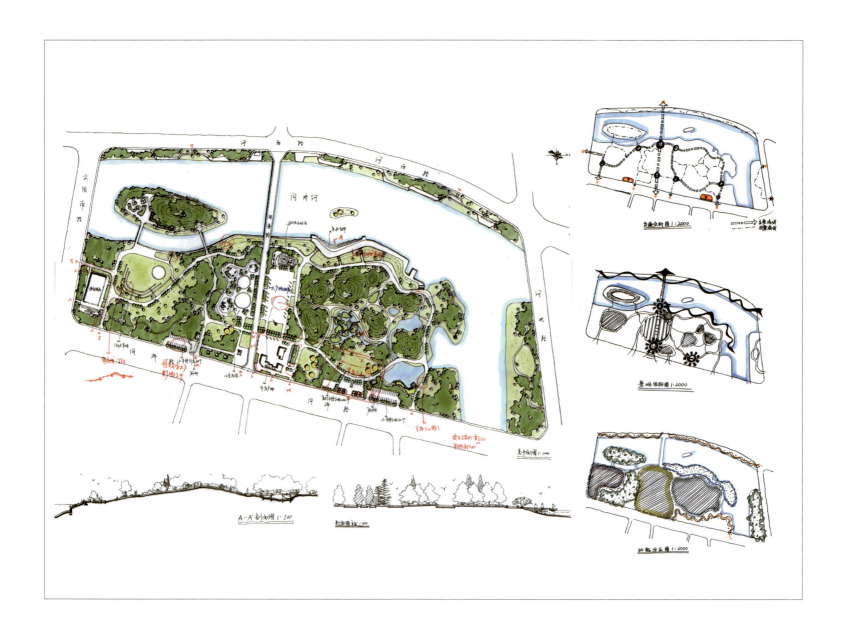

图纸信息	评语
姓名：吴怡婧	设计手法自然，整体空间舒朗清晰，对于现状利用较多，交通组织相对合理清楚，庆典广场尺度稍显不足，也未能与公园的开放空间取得较强的关联，受制于现状导致的空间整体性不足。临路保留建筑做到了自成体系并串接整体。水岸空间考虑了一些差异性，但是在如此长的岸线上仍可适度增加些空间类型。设计表达显得空间过分沉闷，用色过于灰暗，重点不突出，虽设计细致，但不能凸显特色与方向，表现力欠佳。剖面图地形表达稍显夸张，数量也略显不足。考生未能考虑清楚北侧小绿地的大高差
用时：6小时	
纸张：硫酸纸	
大小：A1	

图纸信息	评语
姓名：马椿栋 用时：6小时 纸张：拷贝纸 大小：A1	此方案较为大胆的设计，引入水系将基地一分为二，创造了内湖空间，整体的空间呈现出北静南动的整体格局，且被城市道路分割的两块场地不仅空间上有联系，两个地块也存在一定的相对独立性。庆典广场的布局与滨水轴线统筹结合，保留要素也尽可能地与设计相结合。不足之处在于设计稍显过度，北侧小岛架桥上岛的意义不大，西侧、北侧的滨水绿地设计稍显多余，且未能考虑河岸高差。遗憾的是题目的不完整性决定了水文信息的缺失，进而失去了评价的标准，因此只能就方案论方案

7.10 城市滨水休闲广场规划设计

题目来源：同济大学 2012 年风景园林保研真题
考试时间：3 小时

一、用地现状与环境

城市背景：基地位于海口市，该市为热带海洋季风气候，全年日照时间长，辐射量大，每年平均期为 23.8℃，最高平均 28℃。常年以东北风和东南风为主，年平均风速 3.4m/s。自北宋开埠以来有千年历史，2007 年入选国家级历史文化名城名录。

基地概况：基地位于海口中心滨河区域，总面积 1.16 公顷，南为城市主干道宝隆路（红线 48m，双向 6 车道），对面为骑楼老街区，老街区是该市最具特色的街道景观，已经成为标志性旅游景点。其中最古老的建筑建于南宋，至今已有 800 多年历史，整体建筑呈现欧亚混合的多元建筑风格特征。基地北临同舟河，河宽 180m，北岸为高层住宅，同舟河一般水位为 3m，枯水位为 2m，规划为 100 年一遇防洪要求，100 年一遇的防洪标高为 4.5m。东侧为共济路，红线为 22m（双向 4 车道），为城市次干道。基地内西侧有 20 世纪 20 年代末灯塔一处，高约 30m，东侧有几棵大树，其余为一般性植被或空地。

二、规划设计内容与要求

基地要求规划一处滨水休闲广场，满足居民日常游憩、聚会和游客集散所需，要求考虑城市防汛安全，又能保证一定亲水性。需要满足以下条件：需规划不少于 50 个地下小汽车停车位，3 个地面旅游巴士（45 座式）临时停车位，200 个自行车停车位，地下停车区域在总平面图上用虚线注明，地上车位需要明确标出。布置一处节庆场地，能容纳不少于 500 人集会所需，作为海口市一年一度的骑楼文化节开幕式所在地。按《城市绿地设计规范》（GB 50420-2007）与《公园设计规范》（GB 51192-2016）进行公共服务设施的配置校核。

三、成果

1. 总平面图，比例为 1 : 500，需注明主要设计内容和关键竖向控制）。
2. 剖立面图，比例为 1 : 200，要求必须垂直河岸，具体位置自定，表现形式不限）。
3. 表达设计意图的分析图或透视图，比例不限，表现形式自定。
4. 规划设计说明，字数不限。
5. 将以上城规组织在 1 张 A1 图纸上，不许裁剪。

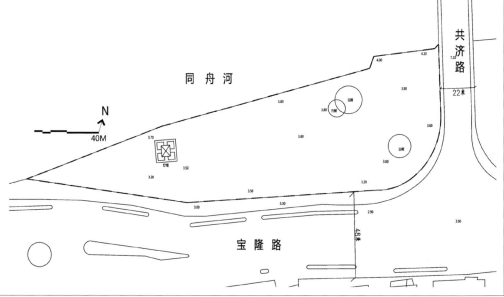

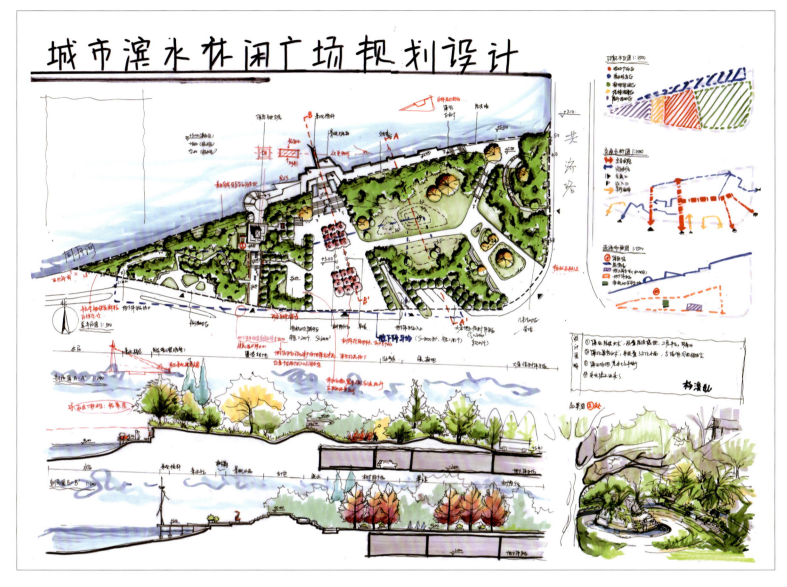

图纸信息	评语
姓名：杨滨钰	方案完成度较高，整体图面要素完整，表达也较为清新、明亮。滨水空间关系较好，入口设置均有较好的选择与视线控制。滨水空间采用了软、硬质结合的方式，因此地形的竖向表达存在一定难度。整体的竖向表达准确，可见设计者的基础较好。问题在于：滨水空间的形态为了形式而设计过渡，存在些许不必要的变化；主广场与西侧灯塔的关联可以进一步强化；非机动车的设置宜单独对外，不必设置于场地的内部空间；地下车库出入口的设置不符合规范，入口长度过大，地下流线过长。剖面图空间关系尚可，地库覆土深度不足。透视图表达缺少特征性，且画风略微粗狂，应更准确细腻
用时：3小时	
纸张：硫酸纸	
大小：A1	

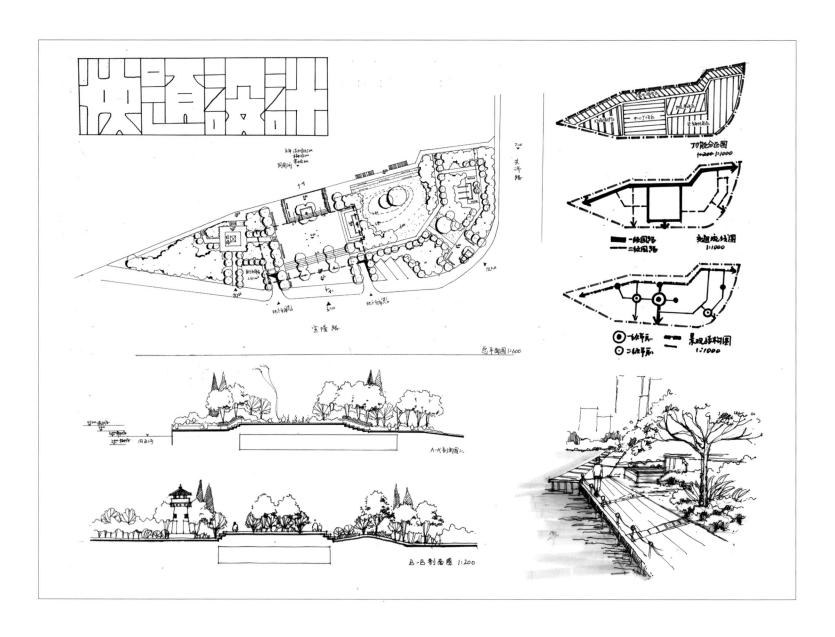

图纸信息	评语
姓名：夏嘉懿 用时：3小时 纸张：绘图纸 大小：A1	该题外部环境、内部要素条件多。需要梳厘清楚整个城市的防洪情况、内外的空间衔接。该方案利用中心广场抬升与安全协调，也依托广场布局的地下车库，取得了一箭双雕的效果。100多米宽的河道对城市的割裂导致两侧桥梁数量的减少，进而侧边道路的交通性高于主干道，因此交通空间主要依托南侧主干路展开，设计者也意识到此问题。不足之处在于整体的硬质比例不够，尤其应该加强滨水空间的可达性，东侧也应有一些直至水岸的流线设计；主广场的空间关系与灯塔之间应该有更好的关系；保留古树周边堆叠地形并不可行；转角处入口等形象特征不够强烈

7.11 厂区入口绿地设计

题目来源：同济大学 2015 年风景园林初试快题
考试时间：3 小时

一、基地概况

华东某城市某工厂位于城郊，拟在厂区入口区域建设面积约 7 公顷的开放式办公区，内部为生产区。厂区道路的交通量不大。

基地地形呈缓坡状，是承载力较好的土质荒坡，地形改造相对较易，挖填工程造价成本不高。基地东北角一确定建设办公会议及接待楼一栋，平面布置如图。建筑风格为现代式，简洁明快。建筑南侧主入口门的宽度为 6m，另外三个次入口门的宽度均为 2m，所有入口在建筑立面上居中布置。

二、设计要求

1. 总题设计要求

（1）适用功能：要考虑户外体育和展示区域，安排一些展示企业文化的户外景观和设施，需安排一个户外篮球场供职工健身。

（2）交通功能：小轿车需要到达办公楼南侧主入口，从城市道路上最多只能开设一个机动车出入口进入开放式办公区，厂区道路开设机动车出入口的数量不限。停车方面，需要 60 个小轿车停车位，其中至少有 30 个停车位要靠近办公楼，便于日常使用，其余 30 个停车位供会议和活动期间使用，位置不限；需要 5 个大巴车停车位，位置不限；需安排 50 个自行车停车位，宜靠近厂区道路。

（3）其他景观和绿化等功能可以根据设计构思自定。

2. 办公楼主入口前场地详细设计要求

按照办公路前场地的功能、景观、绿化的要求需求进行设计，无特别要求。建筑底层和室外场地的相对高差宜在 0.45m 以上，具体标高根据设计构思自定。

三、成果要求

1. 总体设计要求

（1）总平面图 1 张，比例为 1：500。
（2）剖立图 2 张，比例为 1：50。
（3）分析图 2 张，比例自定。

2. 办公楼主入口前场地设计

（1）总平面图，比例为 1：200。
（2）剖立面图 2 张，比例为 1：100～1：200。
（3）局部透视图，数量自定。

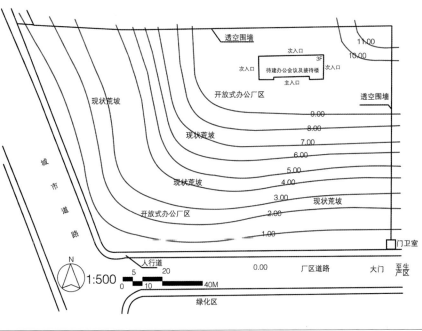

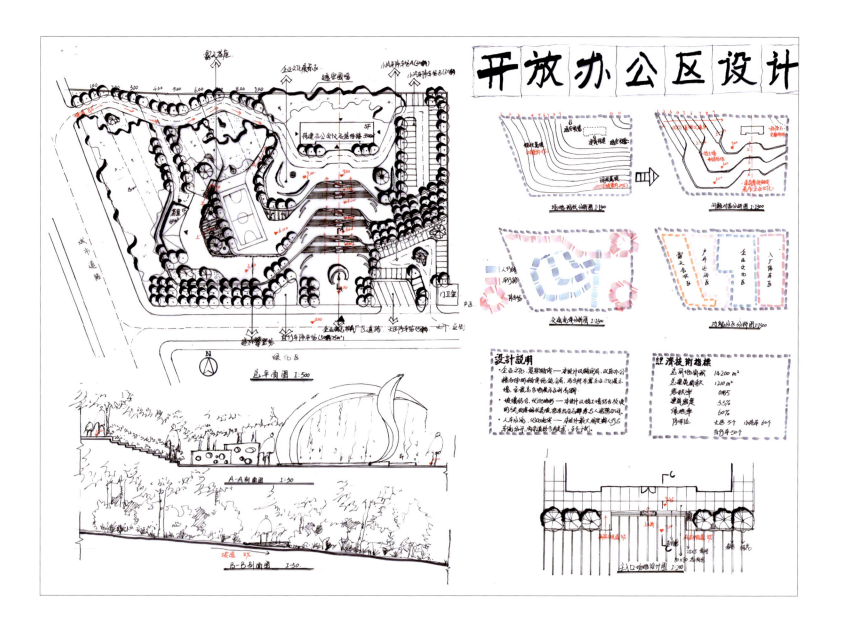

图纸信息	评语
姓名：金雪倩	考生对题意理解较为深刻，方案设计以硬质台地空间为主，每层台地刻画多类空间景观，底层台地以交通功能为主，二层台地以休闲功能为主，三层台地则以体育运动为主，四层台地则与建筑相结合，台地的组合大胆有趣，视觉效果较有冲击力。不足之处在于：车行道宽度偏大，且车行道的线形部分存在凹造型的嫌疑，实则无用；下层场地的停车场尺度偏小、偏深；上层台地周围建筑的场地设计不足，未能与建筑的流线表达衔接；中轴尺度偏大。剖面图表达有一定趣味性，但是画风略粗犷。整体成果相对完整，标题文字不够工整，总平面图不错，其余图纸表达仍有提高空间
用时：3小时	
纸张：硫酸纸	
大小：A1	

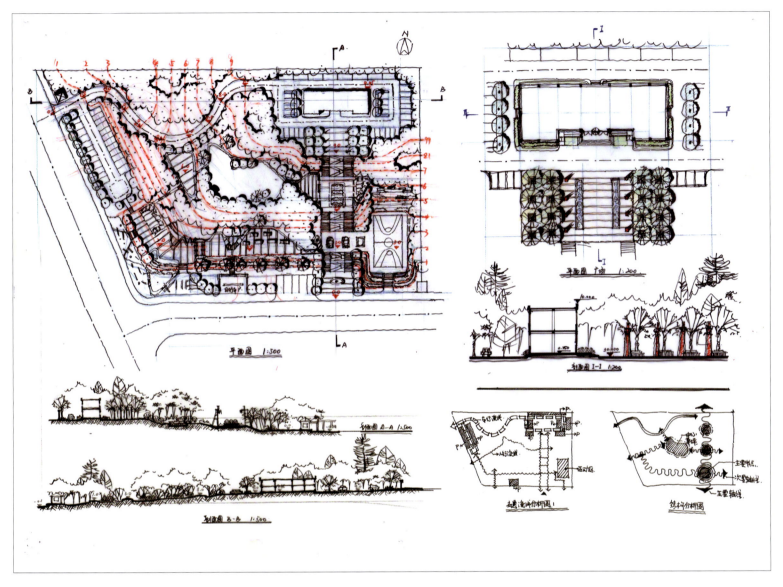

图纸信息	评语
姓名：常青 用时：3 小时 纸张：硫酸纸 大小：A1	该方案设计简洁、明快，看似无甚设计，实则更多地考虑的是题目要求与场地特征的衔接。方案合理地布局了各类停车设施，对于建筑的人车流线的分流组织清楚合理。更可贵的是考生对地形的表达对梳理，因题目提出了地形可大幅改造，大胆地梳理地形竖向关系，将原本单一斜坡的空间关系构想成多层台地式方案，并结合了台地布置篮球场、停车场等对地形要求高的内容。红色的等高线更强化了对地形设计的构想。剖面图的表达不够精彩，未能强烈刻画出原先的设计思维。节点方法平面广场可以看出设计者建筑学知识相对扎实。整体来看，这是个值得学习的方案

7.12 南方某城市滨水绿地设计

题目来源：同济大学 2015 年风景园林复试真题
考试时间：6 小时

一、基地概况

地块为一期建设用地，毗邻城市河道，占地面积 1.3 公顷。基地中有 6 棵古树，1 个 6m 见方的石台上有 1 个 4m 高的石碑，上面记录了这里一次重要的航运事件，靠河岸处有一个古代（宋代）码头遗址，石台标高 4.2m。图中画出了河道规划蓝线，常水位标高 ±0.000，此处有防汛要求，洪水位是 6m，须在蓝线以外设置防洪堤，蓝线以内要考虑市民的亲水活动，安排亲水设施。因为二期已经解决了停车问题，此地块无需考虑小汽车和大巴车车位，只需设置能容纳 50 辆自行车的停车场。地块内拟建一个 800m² 的展览建筑，用来展示书画等艺术作品，最好不超过 2 层，宜做园林式建筑处理。场地宜做自然、生态化处理，不用考虑土方平衡。

二、成果要求

1. 总平面图，比例为 1：500；剖面图、立面图至少 1 个；竖向分析图 1 个。
2. 节点放大图，比例为 1：100～1：200；剖面图至少 1 个，比例为 1：100～1：200。
3. 各类分析图。
4. 透视图。
5. 设计说明。

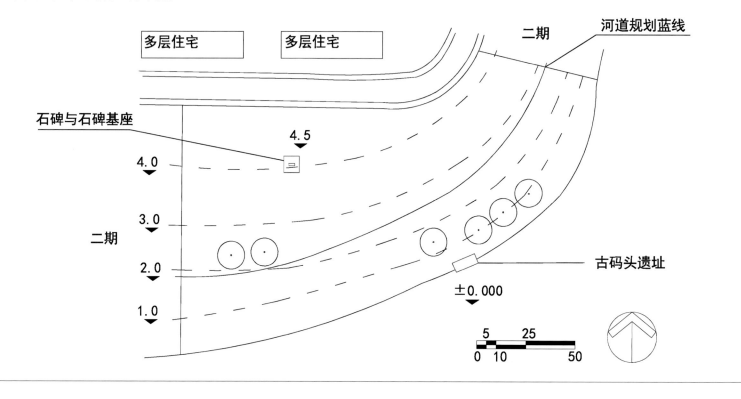

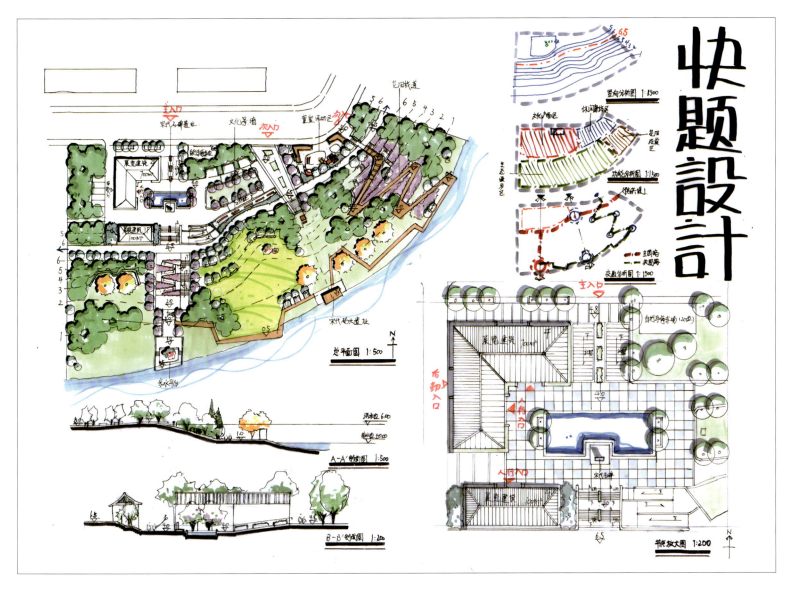

图纸信息	评语
姓名：马珂	方案强调了与水岸的空间关联，三个不同类型的轴线反映不同强度的滨水联系，暗示不同体验的流线关系。滨水以栈道的形式组织游览路径，是对自然环境生态化保留的手段。建筑集中布局，环绕广场与石碑是不错的布局形式。分析图绘制清晰、明了，且对方案的表达相对准确，这一点是值得借鉴的。不足之处的是剖面图绘制略显粗放，对场地的地形、空间、要素特征表达也不够清晰，需要着力加强；节点放大同样存在对材质、植物的深化设计。整体图面的色彩控制清新，重点相对突出，具有一定的借鉴价值。整体上算是一个不错的方案
用时：6 小时	
纸张：硫酸纸	
大小：A1	

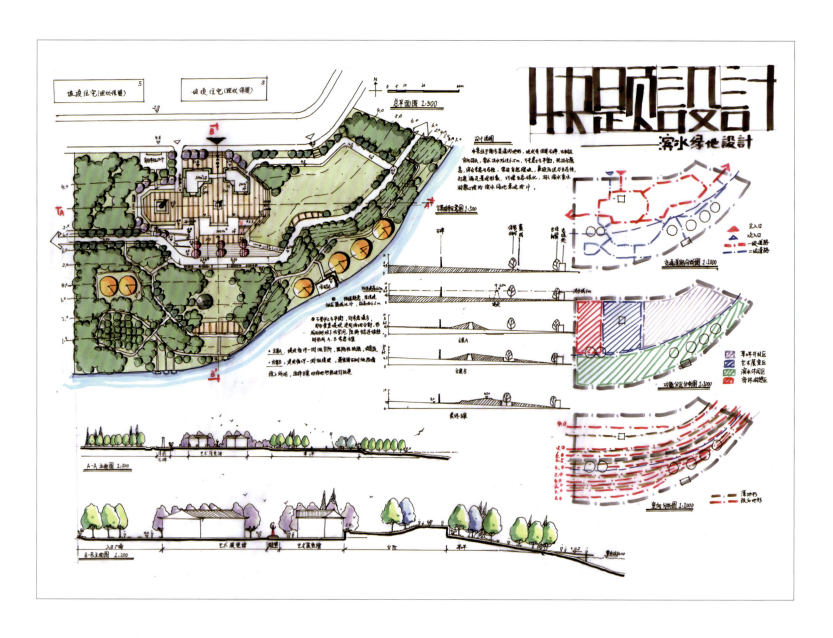

图纸信息	评语
姓名：王琼萱	本题也是一个较复杂的题目，设计者选择了讨巧的简洁的设计手法，设计看似简单，但是考生对题目的解读具有较深的理解，对提出的要求与地块现状，做出了较为清晰的设计回应。在完成基本图纸的基础上，增加绘制了场地整体竖向演变的图纸，来反映整体的地形变化对策。考生能做到这一点实属难得。从平面分析到剖面推演，多次阐释设计的意图，整体图面充实、饱满。流线设计也清晰合理，空间骨架有理有据。不足之处在于 $800m^2$ 的展览馆建筑过于分散，且建筑量似有不足；对古码头重视不够，滨水空间的视线过于隐蔽，第一张剖面图的地形绘制不准确，未能反映正确的竖向关系。此题较难，看似简单的设计其实更重合理性
用时：6小时	
纸张：硫酸纸	
大小：A1	

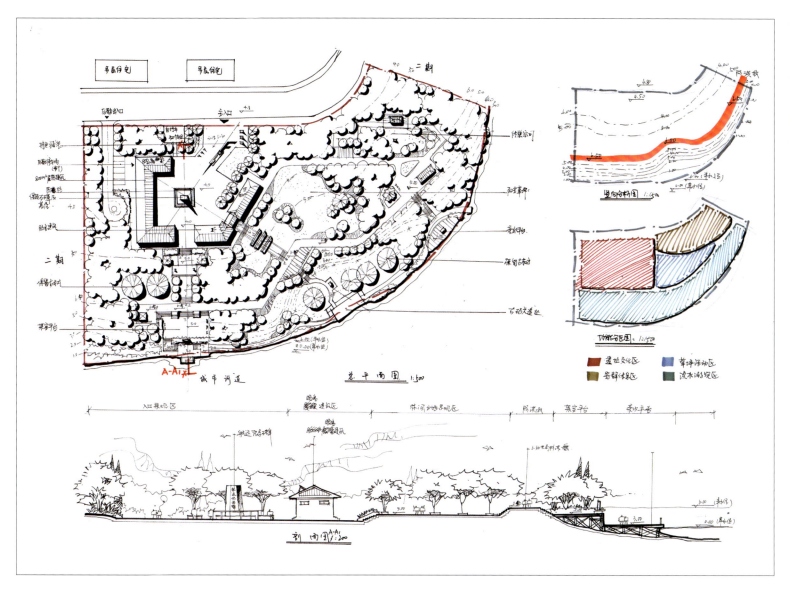

图纸信息	评语
姓名：李天星	以保留石碑为中心组成入口广场与建筑的院落空间，是一个较好的设计思路。衔接滨水的流线清晰，考生对题目的理解也较为深入，合理的竖向再设计满足了题目生态化处理滨水安全的要求，分层式的设计突显了从密集活动到滨水休憩契合场地特征。竖向设计表达清楚，也相对准确。能通过要素组分来刻画部分功能特征，这是个不错的方案。比例为1∶500的图纸乔、灌、草的墨线刻画手法成熟。不足之处在于主入口与中心广场的关系不够明晰，西侧两颗保留树地形设计未能结合现状，进而影响两棵树存活的可能性。机动车流线可适度靠近建筑
用时：6小时	
纸张：绘图纸	
大小：A1	

图纸信息	评语
姓名：谢珣	这是一个很好的设计，流线、结构、空间极其清晰明了。多一分太多、少一分太少，是为快速设计上策，此方案的设计基本实现了此标准。上层空间开放式设计，兼顾了石碑的东西空间、南北空间的视线关系，建筑、广场、开放绿地空间序列清晰、强烈。双环式交通组织营造了两个不同的游览体验，生态化的水岸处理也是方案的一大亮点。不足之处在于剖面图画风不够成熟稳重，平面图的滨水一侧略显封闭，整体版面的东侧排版显得拥挤，且透视图粗放不美观，节点放大应大致标注材质类型与竖向关系及植物设想。总体上仍是一个很好的设计
用时：6小时	
纸张：硫酸纸	
大小：A1	

7.13 某社区公共绿地景观快题设计

题目来源：同济大学 2010 年风景园林保研真题
考试时间：3 小时

一、基地概况

本基地为某大型居住社区的社区公共绿地，外围东、西、北地块均为规划居住区，南部地块为中学，周围道路均为生活性道路。基地西侧为社区商业中心，南侧为城市现状河道，隔河为已建成居住区，总面积为 10560m²。详见基地图。

二、设计要求

1. 在分析规划设计基地和周围环境关系的基础上，对该社区绿地的功能，空间，设施等进行组织安排，要求功能合理，环境优美；
2. 合理组织绿地的空间和各类景观元素。

三、成果要求

1. 图纸内容。

（1）规划设计结构分析图，比例为 1 : 1000 ～ 1 : 1500。包括：功能区划结构，空间组织结构，绿化种植结构，游线及设施布局结构等；

（2）规划设计总平面图，比例为 1 : 300，彩色图纸。图纸应该标明用地方位和图纸比例，各类形态，设施位置及辅地方式等；

（3）剖面图，比例为 1 : 100 ～ 1 : 200；细部设计图，比例自定义；局部透视图，表现形式自定。

2. 规划设计说明。

（1）设计说明：应简明扼要，概述设计思想，处理手法，以及设计效果等。

（2）经济技术指标及用地平衡表。

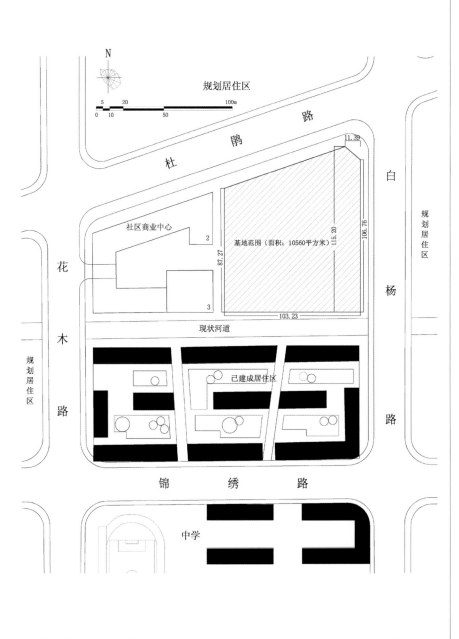

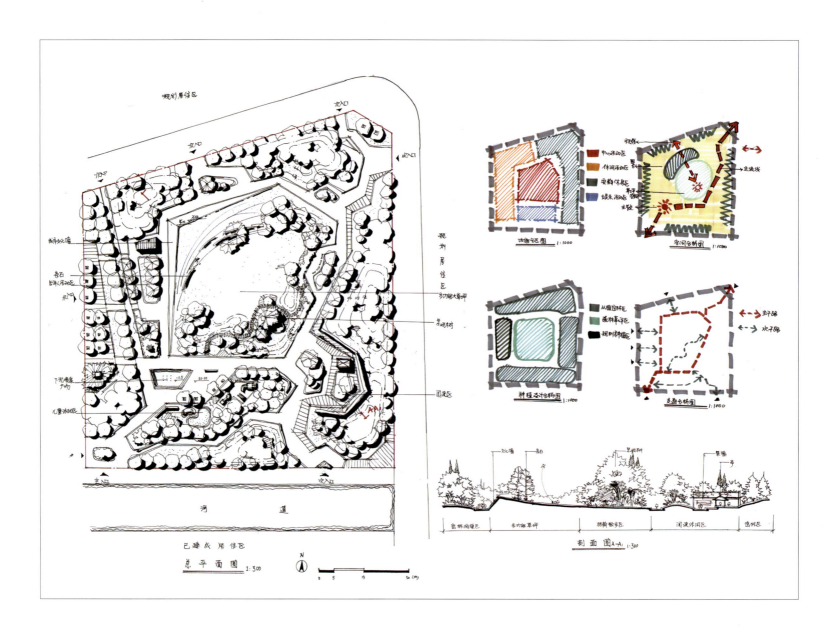

图纸信息	评语
姓名：李天星	这是一个结构清晰的设计方案，表达的深度和细节都较为不错。功能细节的表达与设计构想清晰、明了，场地的尺度规模合理。考生对景观设计要素的掌握较为扎实，能够熟练运用各类要素强化功能与空间的构想。植物设计疏密有致，组景与空间衔接明确。不足之处在于各个入口的空间体验相对均质，可适度差异化设计入口空间。分析图绘制对于特殊意图的传达未能强化表达，有相对较大的提升空间。剖面图绘制较为成熟，可适度强化点景要素来强化功能特征。整体是较好的设计方案，尤其对于要素运用不熟练的学习者，具有较高借鉴价值
用时：3小时	
纸张：绘图纸	
大小：A1	

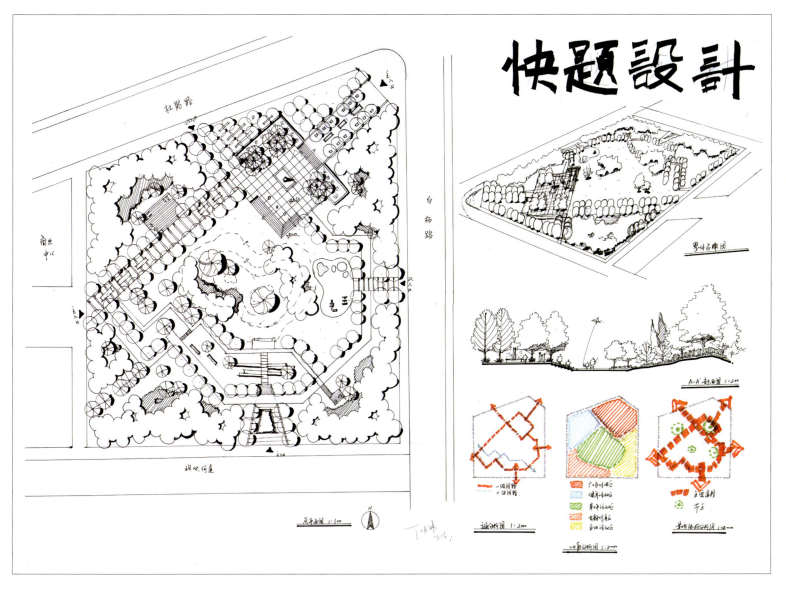

图纸信息	评语
姓名：丁明珠 用时：3小时 纸张：绘图纸 大小：A1	居住区级绿地的设计往往不存在太大难点，该方案理顺了场地内外的流线组织，保证了绿地自身流线的完整，差异化设置了不同尺度和规模的空间节点，等级清晰、功能明确，是较好的方案。种植设计章法清晰，空间分明，局部稍有欠缺。不足之处在于中心绿地地形的堆叠过于居中，应适度增加变化，通过地形的变化来增加空间的变化。地形的堆叠造景是一方面，同时也应适度与气候特征呼应。部分场地的种植可适度增加，保证场地的空间宜人性。分析图设计表达清晰，但不够严谨工整；透视图过于简单潦草。剖面图空间尚可，层次及表达仍有提升空间

7.14 水景公园设计

题目来源：不详

考试时间：6 小时

一、基地概况

基地北面为某市的政府大楼（详见效果图）。

基地现状内部有水塘，主要集中在 A 地块。

二、设计要求

1. 基地设计以水景公园为主基调。
2. 基地内部现有道路为城市支路，必须保留。
3. 可以在基地内的 B 地块安排适当的文化娱乐建筑，以满足市民休闲娱乐的需要。
4. A、B 地块统一设计。

三、成果要求

1. 总平面图 1 张，比例为 1：1000；局部平面 1 张，比例为 1：500。
2. 剖面图 2 张，比例为 1：1000 或者 1：500。
3. 其他表现图、分析图若干，数量自定。
4. 设计说明。

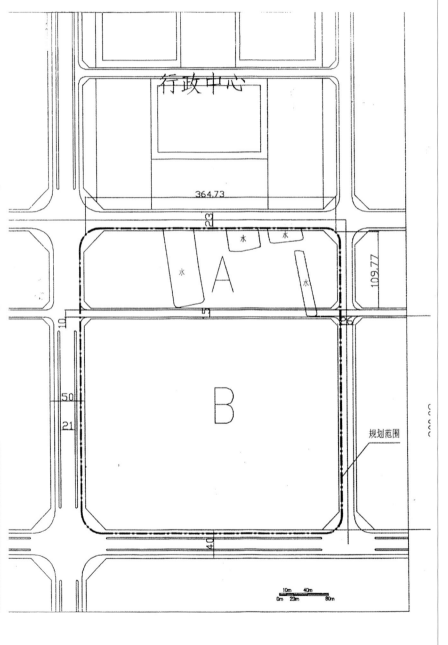

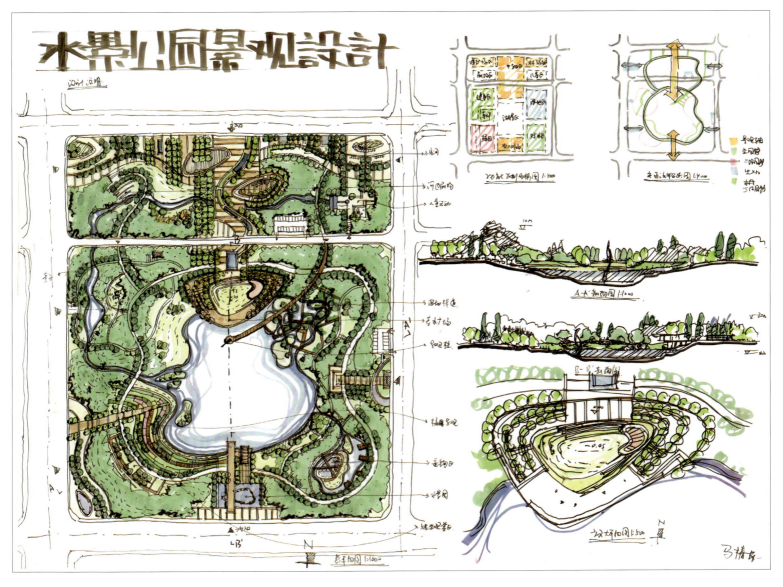

图纸信息	评语
姓名：马椿栋	这是一个设计语言较为个性的设计方案，高图面的特征性较高。水空间的营造突出了点、线、面的空间形态，具有较多的空间体验。整体的空间流线南北各成体系，同时空间秩序一致，环湖空间组群与湿地水景、内湾小湖、水系放大处形成明确的空间呼应。并通过草坪、花带、林地、湿地等要素来丰富主空间的体验。场地尺度在此规模的公园快速设计中控制得较为合理，分析图绘制简洁明了。剖面图看似简单，其实对地形的考虑较为成熟。节点放大深度可以适度提高
用时：6小时	
纸张：拷贝纸	
大小：A1	

图纸信息	评语
姓名：高雯雯	此水景公园的设计是较为不错的方案，选择北侧行政中心的空间轴线作为整体格局的控制主线，与北侧呼应的同时又保证方案自身的空间仪式感。以水为中心展开设计，通过堤岛分割水系空间，创造多样的水景空间，具有大中小、自然与人工共存的水体空间，发挥了水体的主题特征。空间主次分明。不足之处在于次级空间的规模和形式过于单一，导致整体二级空间的相似单调。北侧长条空间设计应该加强南北空间联系，尤其在种植上应该有所体现。休闲建筑的体量过小，作为市级公园可以适度增大建筑体量，同时保证建筑的可观赏性及对外的景观性。停车设施应避免布置在西侧主干路上
用时：6小时	
纸张：硫酸纸	
大小：A1	

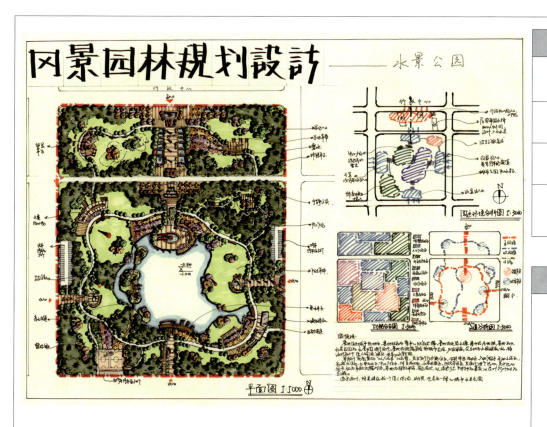

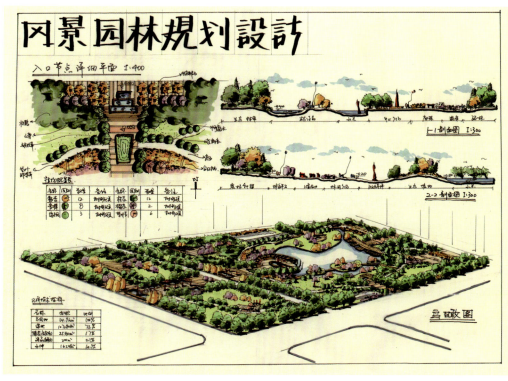

图纸信息
姓名：葛研
用时：6小时
纸张：拷贝纸
大小：A1

评语

这是一个体系完善的公园方案，衔接了北侧的市政广场，南、北绿地各自完善又能自成体系，种植疏密尚可。对水景公园的主题有一定表达，但是水文设计还是不够充分，中心水面的空间略显单调，节点空间的功能差异表达不够，模式化程度太高，缺少些许意图变化。其他图纸的完成度不错，两张A1图纸量大，剖面图、节点放大图、鸟瞰图三类图纸表达犹胜平面方案。分析图绘制稍乱，应更好地归置形成体系。对于一个不存在太多限制条件的方案，应该属于较佳的成果

参考书目

[1] 刘滨谊. 人居环境研究方法论与应用[M]. 北京：中国建筑工业出版社，2016.

[2] 刘滨谊. 现代景观规划设计[M]. 南京：东南大学出版社，2005.

[3] 刘滨谊. 风景景观工程体系化[M]. 北京：中国建筑工业出版社，1990.

[4] 刘敦桢. 苏州古典园林[M]. 北京：中国建筑工业出版社，2005.

[5] 魏民. 风景园林专业综合实习指导书：规划设计篇[M]. 北京：中国建筑工业出版社，2007.

[6] 迈克·W·林. 中国高等院校建筑学科系列教材：建筑设计快速表现：外国经典教程[M]. 王毅，译. 上海：上海人民美术出版社，2012.

[7] 诺曼·K·布思. 风景园林设计要素[M]. 曹礼昆，曹德鲲，译. 北京：北京科学技术出版社，2015.

[8] 格兰特·W·里德. 园林景观设计从概念到形式[M]. 郑淮兵，译. 北京：中国建筑工业出版社，2004.

[9] 于一凡，周俭. 快题设计与表现系列丛书：城市规划快题设计方法与表现[M]. 北京：机械工业出版社，2009.

[10] 刘志成. 高等学校风景园林教材：风景园林快速设计与表现[M]. 北京：中国林业出版社，2011.

[11] 李昊，周志菲. 城市设计方法与实践系列丛书：城市规划快题考试手册[M]. 武汉：华中科技大学出版社，2011.

[12] 中华人民共和国建设部，中华人民共和国国家质量监督检验检疫总局. 城市绿地设计规范（GB 50420-2007）[S]. 北京：中国计划出版社，2007.

[13] 中华人民共和国住房和城乡建设部，中华人民共和国国家质量监督检验检疫总局. 公园设计规范（GB 51192-2016）[S]. 北京：中国建筑工业出版社，2016.

[14] 中华人民共和国住房和城乡建设部工程质量安全监管司，中国建筑标准设计研究院. 全国民用建筑工程设计技术措施：规划·建筑·景观（2009年版）[S]. 北京：中国计划出版社，2016.

[15] 中华人民共和国建设部. 城市用地竖向规划规范（GJJ83-99）[S]. 北京：中国建筑工业出版社，1999.

[16] 国家技术监督局，中华人民共和国建设部. 城市道路交通规划设计规范（GB 50220-95）[S]. 北京：中国计划出版社，1995.

[17] 中华人民共和国建设部，国家技术监督局. 城市居住区规划设计规范（2002年版）（GB 50180-93）[S]. 北京：中国建筑工业出版社，2002.

[18] 中华人民共和国住房和城乡建设部，中华人民共和国国家质量监督检验检疫总局. 无障碍设计规范（GB 50763-2012）[S]. 北京：中国建筑工业出版社，2012.

编著简介

吕圣东

硕士,毕业于同济大学景观学系,师从中国著名风景园林刘滨谊教授。国家注册城市规划师,谷多景观教研中心主任。常年实践于设计一线,于设计教育深耕八年,多元平台话语研思,致力于产、研、教一体的多元教学模式发展探索。

谭平安

谷多手绘表现课程负责人,九年精研于手绘表现教学,积淀推广统化教学体系,主持参与多项国内外大型商业表现,出版多本手绘表达、快速设计书籍,深耕设计表现教育一线。

滕路玮

硕士,毕业于华中农业大学风景园林系,师从秦仁强副教授。谷多景观教研中心主讲。就职于知名境外景观事务所,擅长时代感强烈、前沿性突出、造型性丰富的方案设计。

快题提供学员

常 青	王炜玮	于润清
陈 杨	王晓琦	张 璐
丁明珠	吴怡婧	朱 凌
方 帅	伍珍妮	周淑宁
高雯雯	夏嘉懿	李天星
葛 研	谢 珣	马椿栋
金雪倩	杨滨钰	马 珂
梁 竞	杨 晗	王琼萱
李 杰	袁 琳	

排名不分先后
以上名单按首姓名首字母排序
还要感谢周培林、张佳琪、袁睦茜、陈成楚伊、
谭文超、赵策、王贤华、胡冰心的帮助。

谷多手绘集训花絮

图书在版编目(CIP)数据

图解设计：风景园林快速设计手册／吕圣东，谭平安，滕路玮编著．－武汉：华中科技大学出版社，2017.8（2021.12重印）

ISBN 978-7-5680-3099-1

Ⅰ．① 图… Ⅱ．① 吕… ② 谭… ③ 滕… Ⅲ．① 园林设计－图解 Ⅳ．① TU986.2-64

中国版本图书馆CIP数据核字(2017)第153054号

图解设计 ：风景园林快速设计手册
TUJIE SHEJI: FENGJING YUANLIN KUAISU SHEJI SHOUCE

吕圣东　谭平安　滕路玮　编著

出版发行：华中科技大学出版社（中国·武汉）　　电话：（027）81321913
　　　　　武汉市东湖新技术开发区华工科技园　　邮编：430223
出 版 人：阮海洪

责任编辑：尹　欣　　　　　　　　　　　　　　责任监印：朱　玢
责任校对：杨　睿　　　　　　　　　　　　　　装帧设计：张　靖

印　　刷：武汉市金港彩印有限公司
开　　本：787mm×1092 mm　1/12
印　　张：17
字　　数：102千字
版　　次：2021年12月第1版第7次印刷
定　　价：88.00元

投稿热线：(010)64155588-8000
本书若有印装质量问题，请向出版社营销中心调换
全国免费服务热线：400-6679-118　竭诚为您服务
版权所有　侵权必究